KB215440

뇌과학자는 영화에서 인간을 본다

일러두기

- 이 책의 1부 13장과 2부는 《물리학자는 영화에서 과학을 본다(2002년도 판)》에서 가져온 것입니다.
- 이 책에서 다루고 있는 영화 제목은 한국에서 개봉 당시, 혹은 소개될 당시의 제목을 기준으로 표기하였습니다. 따라서 외래어표기법에 따른 표현과 다를 수 있습니다.

정재승 지음

뇌과학자는 영화에서 인간을 본다

정재승의 시네마 사이언스

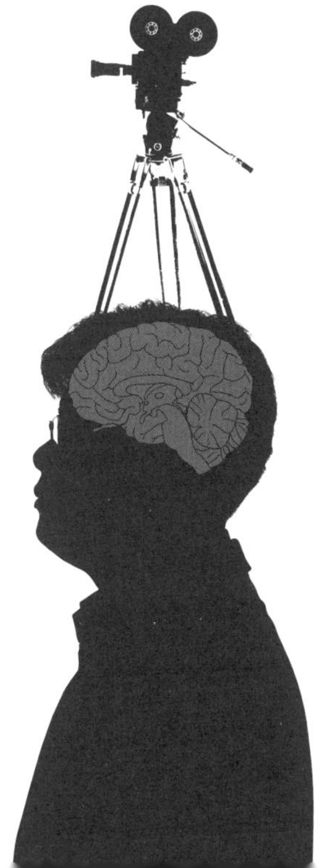

어크로스

책 을 펴내며

극장 안 스크린에 문득 내가 투영됐을 때

인간이 소설에 매혹되고 영화에 탐닉하는 이유는 무엇일까? 어느 작가는 그 이유에 대해 '이제 더 이상 우리는 현실에서 벌어지는 사건에 매료되지 않는다. 개연성이 풍부한 허구, 실제로 벌어지진 않았지만 현실 못지않은 그럴듯한 이야기를 허기져 갈구한다' 고 했다. 언제부터인가 나도 소설이나 영화를 보면서 현실의 인간들을 닮았으면서도 너무나 전형적이어서 쉽게 발견되지 않는, 그런 영화 속 주인공의 삶에 매료되었던 것 같다. 그리고 서서히 그들의 정신을 분석하고 그들의 뇌를 상상하게 되었다.

정신 질환까지는 아니더라도, 누구나 생각이나 행동 측면에서 병적인 구석이 있다. 이상하게 집착하고, 한없이 일을 미루기도 하고, 쉽게 기억을 잃어버리기도 하며, 한동안 우울에 깊이 빠지기도 한다. 나는 왜 그런 걸까? 내 삶은 그로 인해 어떻게 변하게 될까? 사랑을 복원하고 관계를 회복하고 일상을 돌이키고 싶다면, 난 뭘 해야 할까? 이런 의문이 들 때마다, 우리는 엄마 자궁처럼 어두운 극장으로 숨어들어가 영화 속에서

답을 찾는다. 그리고 그 안에서 문득 나를 발견한다. 영화 속 인물에 공감하기도 하고, 때론 적대감을 표출하기도 하지만, 무엇보다 우리가 얻게 되는 건 연민과 동정의 눈물이다.

나 역시 마찬가지다. 사실, 이 글들을 쓰고 오랫동안 세상에 내놓을 용기를 갖지 못했다. 아직 신경과학 분야에서 학문적으로 충분히 영글지 못했다고 느끼고 있는 데다가, 인간 정신의 본질에 대한 글이다 보니, 아직은 인생을 깨치지 못한 어린 나이가 부담스러워 늘 조심스러웠다.

그러다 얼마 전, 오랫동안 묵혀두었다가 꺼낸 원고 더미에서 문득 마흔을 갓 지난 나를 발견하게 됐다. 때로는 치명적인 질병에 고통스러워하고, 엇갈린 인연으로 아파하고, 갑작스런 변화에 적응하지 못하던 영화 속 인물들 모습에서 모순적인 지금의 나를 발견하게 된 것이다. '나도 지금 저렇게 살고 있는데……' 하는 생각이 드니, 내 글에 애정이 생기기 시작했다.

나 같은 천생 뇌과학자는 영화에서 인간을 발견한다. 영화 속에서 감독과 작가가 자신을 닮은 주인공을 통해 사건을 만들고 관계를 엮는 과정을 지켜보면서, 우리는 현대를 살아가는 인간들의 모습을 만날 수 있다. 이 책은 바로 그런 얘기다. 생물학적인 뇌의 특징들과 신경 정신 질환에 걸린 인간 뇌의 변화들을 통해 주인공의 삶을 이해하고, 사건의 전모를 파헤치며, 그 안에서 인간 사회의 독특함을 발견하는 책이다.

'학문적 내공이 깊어지면 세상에 내놓아야지', '인생의 깊이를 이해하면 출간해야지' 했던 야심을 조심스레 내려놓고, '내밀한 자기 고백으로 독자들과 만나야지' 하는 마음으로 이 책을 펴내게 됐다. 그동안 영화라는 스토리에 탐닉하고 장면에 매혹되었던 관객들이 이제는 독자가 되어 이 책 안에서 친구와 가족을 발견하고, 인생을 발견할 수 있었으면 좋겠다.

이 책을 세상에 내놓을 용기를 준 어크로스 출판사 김형보 대표와 이경란 편집자에게 깊이 감사드린다. 이 책의 일부는 예전《물리학자는 영화에서 과학을 본다(2002년도 판)》에 담겼던 원고였다. 모두 뇌과학과 밀접한 연관이 있는 생명공학에 관한 원고들로 이 책에 담기는 것이 훨씬 더 적절할 것 같아서 이번에《물리학자는 영화에서 과학을 본다》개정판을 출간하면서 옮겨오게 됐는데, 새로 쓴 원고들과 더 잘 어울리는 것 같아 독자들도 즐겨주시리라 기대한다.

진심으로 바라건대, 이 책을 읽다가 도저히 못 참고 책에 소개된 영화를 뒤적여 보거나, 봤던 영화라도 한 번 더 찾아보는 독자들이 생겼으면 한다. 또, 마지막 책장을 덮으며 친구에게 용기 내어 전화를 걸고, 쑥스럽지만 가족에게 말을 건네고, 나 자신을 이해하게 됐다며 따뜻한 자기 연민과 냉정한 자존감을 회복하길 바란다. 이 책이 내게 그래주었던 것처럼.

결국 뇌과학자는 이 책에서 '영화는 인생이고, 스크린에는 고스란히 내가 투영돼 있다' 는 사실을 발견한 자일 뿐이다.

2012년 6월 18일

세상이라는 스크린에 내 뇌를 고스란히 투영하기로 마음먹은

정재승 (KAIST 바이오및뇌공학과 교수)

차례

PART 02
생명공학, 인간의 욕망에 답하다

PART 01

사이코 시네마, 인간의 뇌를 들여다보다

우리 안에는 또 하나의 우주가 있다.

그곳에는 아직 그 정체를 알 수 없는 또 하나의 세계가 있다.

내가 도달할 수 없는 깊은 심연 속의 나.

영화를 통해 이제껏 만나지 못한 나를 만난다.

Cinema

1

마음의 눈을 뜨지 못하는 자폐증 환자

레인맨

Rain Man

〈레인맨〉의 더스틴 호프만, 〈나의 왼발My Left Foot〉의 대니얼 데이 루이스, 〈여인의 향기Scent of a Woman〉의 알 파치노, 〈필라델피아Philadelphia〉와 〈포레스트 검프Forrest Gump〉의 톰 행크스, 〈라스베가스를 떠나며Leaving Las Vegas〉의 니컬러스 케이지, 〈샤인Shine〉의 제프리 러시, 그리고 〈이보다 더 좋을 순 없다As Good as It Gets〉의 잭 니컬슨. 이들은 모두 육체적 또는 정신적 장애를 겪는 사람들의 삶을 연기해 오스카상을 거머쥐었다. 일상적이지 않은 삶을 세밀하게 연기해냄으로써 일상에서 놓치고 있던 삶의 본질적인 의미를 깨닫게 해준 데에 대한 당연한 찬사일 것이다.

그중에서도 〈레인맨〉에서 자폐증 환자 역을 맡은 더스틴 호프만의 연기는 단연 압권이다. 영화는 자폐증을 앓고 있는 형과 아버지의 유산을 가로채려는 동생이 자동차 여행을 통해 가족애를 회복하는 과정을 담고 있는데, 그는 형 레이먼드 역을 맡아 자폐증이라는 생소한 정신 질환을 대중들의 관심 속으로 끌어들였다. 그런 의미에서 그는 과학자들에게도 참으로 고마운 존재이다. 〈레인맨〉 이후 쏟아진 자폐증에 대한 대중적 관심은 정부로 하여금 훨씬 더 많은 연구비를 투자하게 만드는 계기가 되기도 했다. 이렇게 그는 영화와 과학이 행복하게 어우러진 접점에 서 있는 배우다.

월요일에는 페퍼로니 피자만 먹는다

1943년 미국 존스 홉킨스 의대 소아정신과 레오 캐너Leo Kanner 박사는 자신의 환자 중에서 독특한 특징을 가진 11명의 환자들을 관찰한 후 이를 논문으로 발표했다. 이 환자들은 늘 혼자 있고 싶어했고, 의미 없는 행동을 반복하는 경향이 있었으며, 규칙적인 생활 패턴을 가졌고, 특정 영역에서 뛰어난 재능을 보였다. 그는 이 정신 질환을 '조기 유아 자폐증'이라고 불렀는데, 이것이 자폐증에 대한 최초의 보고다.

자폐증은 보거나, 듣거나, 느낀 감각들을 적절히 이해하지 못해서 사회적 관계 형성이나 의사소통, 행동 등에 심각한 문제를 일으키는 뇌 질환이다. 이 발달 장애는 대개 3세 이전부터 나타나기 시작해서 평생 지속된다. 미국과 영국의 경우 신생아 1000명당 평균 두 명, 다시 말해 미국에만 현재 약 54만 명의 환자들이 다양한 형태의 자폐증으로 고통받고 있다. 또한 자폐아 다섯 명 중 네 명이 남자일 정도로 남자에게 발병률이 높다.

그들이 어떤 증세를 보이며, 어떻게 살아가고 있는가는 〈레인맨〉에 아주 사실적으로 그려져 있다. 자폐증 환자에게서 제일 먼저 눈에 띄는 점은 무의식적으로 같은 행위를 반복하는 증세인데, 레이먼드 역시 몸을 앞뒤로 흔드는 특징이 있다. 또한 한번 들은 말을 계속 따라하고, "I am an excellent driver", "I don' t know" 같은 말을 되풀이한다. 브루스 윌리스가 주연한 〈머큐리Mercury Rising〉에서도 자폐증 어린이는 이와 비슷한 행동을 한다. 영화는 자폐아인 사이먼(마이코 휴스)이 국가 보안 시스템을 개발하려는 정부가 테스트를 위해 잡지에 퀴즈 문제로 실은 암호 코드를 풀어버리면서 시작되는데, 천재적 지적 능력을 가진 사이먼 역시 집으로 돌아오면 "Simon is home"을 반복해서 말한다.

또 다른 특징 중 하나는 '동일성의 고집' 또는 '고집스러운' 행동이다. 많은 자폐아들은 일상생활을 정해진 대로만 하려고 하며, 조금이라도 거기서 벗어나면 마음이 혼란스러워 화를 내는 경향이 있다.

예를 들면, 매일 식사 때 같은 음식만 먹는다거나, 같은 색깔의 옷만 고집하며, 같은 길로만 다니려 한다. 레이먼드는 월요일 저녁에는 페퍼로니 피자를, 화요일 점심은 팬케이크를 먹어야 한다. 사이먼은 집에 돌아오면 코코아를 마시는 것이 가장 중요한 일과다.

이들이 왜 이런 행동을 보이는가에 대해서 아직 정확히 밝혀진 내용은 없으나, 이런 반복적인 행동이 스스로를 자극하고 신경계에 흥분을 준다는 연구가 있다. 이런 행동이 몸 안에 엔돌핀을 증가시켜 심적 기쁨을 느끼게 한다는 것이다. 반대로, 반복적인 행동이 고요한 마음을 가질 수 있게 도와준다는 보고도 있다. 즉 주위 환경이 너무 자극적이면 감각의 과부하 상태가 되는데, 이런 행동을 통해 외부의 자극적인 환경을 차단하고 주의를 안쪽으로 돌린다는 것이다.

세 번째이자 가장 중요한 자폐증 증세는 신체적 접촉을 싫어한다는 점이다. 심지어 다른 사람과 눈을 맞추는 일조차 꺼린다. 〈레인맨〉은 아마도 두 주연배우(더스틴 호프만과 톰 크루즈)가 영화 내내 서로 쳐다보지 않고 대화하는 유일한 영화일 것이다. 〈머큐리〉에선 자폐증 치료 교사가 환자들에게 눈을 맞추는 연습을 시키는 장면을 볼 수 있다.

재미있는 것은 두 영화 모두 두 주인공이 서로 눈을 맞추고 안아줌으로써 둘 사이의 인간적 소통을 이루는 장면으로 끝난다는 점이다. 〈레인맨〉의 경우 그것은 형제애가 복원되는 것을 의미하고, 〈머큐리〉에선 부모를 잃은 사이먼이 사회적인 소통 방법을 배우고 세상으로 나와 혼자 살아갈 수 있는 가능성을 보여주는 장면으로 해석된다.

자폐증 환자가 등장하는 영화에서 빼놓을 수 없는 장면 중 하나는 '발작하는 장면' 이다. 레이먼드는 동생 찰리가 비행기에 억지로 태우려 하자 공항에서 발작을 일으킨다. 뜨거운 물을 보거나 화재 경보음을 듣고 심한 발작을 일으키기도 한다. 사이먼 역시 사이렌 소리에 민감하게 반응하며 발작적인 행동을 한다.

실제로 자폐아 중 약 40퍼센트 정도는 특정 소리나 주파수에 고통을 느껴 민감하게 반응한다. 아이 우는 소리나 자동차 소리를 들으면 귀를 막거나 발작을 일으킨다는 보고가 있다. 또 어떤 환자들은 반대로 소리에 전혀 반응을 보이지 않아 귀가 제대로 들리지 않는 것이 아닌가 하는 의심이 들기도 한다.

원인은 부모에게 있다?

그렇다면 자폐증은 왜 걸리는 것일까. 아직까지 자폐증의 원인이 정확히 밝혀지지 않았지만, 한 가지 원인이 존재한다기보다는 여러 가지 요인들이 복합적으로 작용한다고 추측된다. 우선 '자폐증에 유전적인 요인이 있는가' 하는 문제는 핫 이슈 중 하나인데, 유전적인 요인이 어느 정도 관여한다고 알려져 있다.

미국 유타 주는 모르몬교도들이 많이 사는 주로, 종교적인 이유로 가족, 친인척들이 모여서 집단적으로 생활하는 경우가 많으며, 가계도가 비교적 잘 정리돼 있어 유전적인 연구가 자주 수행되고 있다. UCLA 연구 팀이 유타 주에서 아버지가 자폐증을 앓고 있는 11가족의 자손 44명을 조사한 바에 따르면, 그들 중 25명이 자폐증으로 진단을 받았다.

바이러스가 자폐증을 일으킨다는 보고도 있다. 임신 3개월 내에 풍진에 걸리면 자폐증 아이가 태어날 확률이 높아진다. 또 한때 미국에서는 풍진 예방 주사나 DPT(디프테리아, 백일해, 파상풍의 혼합백신) 중 백일해 성분이 자폐증을 일으킨다는 사례가 늘어나, 부모가 아이들에게 예방접종을 하는 것을 거부해 문제가 된 적이 있다. 〈뉴스위크〉 같은 시사 잡지들은 이 문제에 대한 찬반 논쟁을 커버 스토리로 다루기도 했다.

아직까지 객관적인 증거는 없지만, 환경의 독소나 오염 물질이 자폐증을 일으키는지에 대한 관심도 높다. 미국 매사추세츠 주의 레민스터라는 도시에서는 자폐증 발병률이 높은데, 이 마을에는 한때 선글라스를 만드는 공장이 있었다. 흥미로운 점은 공장에서 바람이 불어오는 쪽에 있는 집들에서 자폐증이 더 많이 발생했다는 사실이다.

그렇다면 양육 환경은 어떨까? 이 부분이 많은 자폐아 부모들을 행여 자신 때문에 아이가 자폐증을 일으킨 것은 아닐까 하며 자책하고 고통받게 만들고 있으나, 나쁜 양육 환경이 자폐증을 일으킨다는 증거는 없다.

무엇보다도 자폐증을 연구하는 과학자들이 찾아낸 가장 중요한 수확이라면, 자폐증이 기질적인 이상이 없는 단순한 '마음의 병'이 아니라, '뇌가 정보를 처리하는 방식에 문제가 있는 질환'이라는 사실을 밝혀냈다는 점이다.

사망한 자폐증 환자 뇌 구조를 조사한 바에 따르면, 뇌의 측두엽 안쪽의 림빅계limbic system 중 아미그달라amygdala와 해마 부분이 덜 발달돼 있다고 한다. 아미그달라는 감정이나 공격성을, 해마는 단기 기억과 자극의 입력, 학습 등을 담당하는 영역이다. 또 MRI(자기공명영상법) 연구에 의하면, 자폐아의 소뇌가 정상인에 비해 작다고 한다. 소뇌는 '주의 집중'에 관여하는 영역으로 알려져 있다.

흔히 자폐증을 심맹이라고 부른다.
'마음의 눈'을 뜨지 못해 사람들과 소통하지 못하고 있다는 것이다.

자기 안에 갇힌 천재들

뭐니 뭐니 해도 자폐증에 관해 가장 궁금한 점은 〈레인맨〉의 레이먼드처럼, 또는 〈머큐리〉의 사이먼처럼 자폐증 환자가 정말로 천재적인 지적 능력을 가지고 있는가, 만약 그렇다면 어떻게 그들은 그런 재능을 갖게 됐을까 하는 문제이다.

레이먼드는 엄청난 기억력의 소유자다. 메이저리그 야구 기록을 모조리 외우고 있으며, 역대 비행기 사고 기록을 줄줄이 꿰고 있다. 한번 들으면 뭐든지 기억하는 레이먼드. 그래서 그는 미국의 유명 퀴즈쇼 〈제퍼디Jeopardy!〉에 나오는 문제들의 정답을 쉽게 맞힌다. 사이먼은 지도를 외우고, 퍼즐을 푸는 것이 취미다. 퀴즈 푸는 실력이 얼마나 대단한지, 과학자들이 공들여 만든 암호 체계를 눈으로 보고 한 번에 풀어낸다.

숫자 계산도 탁월하다. 레이먼드는 떨어진 이쑤시개를 순식간에 세며, 전화번호부에 있는 사람의 이름과 전화번호를 모두 외운다. 곱셈과 나눗셈을 암산으로 해치우기도 하고, 카드 카운팅으로 라스베이거스에서 돈을 따기도 한다. 그러나 '캔디바'가 얼마냐는 질문에 100달러라고 대답할 정도로 '돈의 의미나 가치'를 이해하지는 못하고 있다. 단지 숫자 연산에만 재능이 있는 것이다.

실제로 자폐증 환자 중 약 10퍼센트 정도가 이 같은 비상한 재능을 갖고 있다고 알려졌다. 이들을 '자폐적 천재autistic savant'라고 부르는데, 처음에는 이들처럼 다른 능력은 떨어지면서 몇몇 분야에서만 특출한 재능을 가진 사람을 '이디오 사방idiot savant(특수한 재능을 지닌 정신박약아)'이라고 불렀다. 그러나 1978년 '오늘의 심리학' 이라는 기사에서 샌디에이고 자폐증 연구센터의 버나드 림랜드Bernard Rimland 박사가 좀 더 적절한 용어인 '자폐적 천재' 라는 말을 사용하기 시작했다.

이들의 재능은 음악이나 미술 같은 예술 분야에서부터 수학, 암기력에 이르기까지 실로 다양하다. 어떤 아이는 레이먼드처럼 짧은 시간 안에 큰 수의 곱셈이나 나눗셈, 제곱근 계산을 암산으로 해낸다. 많은 자폐인이 가진 수학적 능력 중의 하나는 달력을 기억하는 것인데, 그들은 "1961년 5월 22일이 무슨 요일일까?" 하고 물으면, 수 초 내에 월요일이라고 답한다.

기억력이 탁월한 자폐인의 경우, 역대 대통령에 대한 모든 것(생일과 기일, 재임 기간, 가족들의 이름과 생일, 내각의 각료들 등)을 줄줄이 외우고 있거나, 비행기 운행시간표를 모조리 외우고, 심지어 단 한 번 만난 후 20년간 보지 않은 사람의 생일까지도 기억하는 경우가 있다. 특정 분야에서 이들의 능력은 전체 인구 상위 1퍼센트 안에 드는 것으로 추정된다.

천재적 능력을 지닌 자폐인 중에는 뛰어난 예술가도 있다. 나디아Nadia라는 아이가 그린 '아름다운 말' 그림은 렘브란트의 그림에 비견되기도 한다. 흥미롭게도 그녀는 말을 배우기 시작하면서 그림 그리는 능력을 잃어버렸다고 한다. 〈리더스 다이제스트〉에 실리기도 했던 리처드 와우로Richard Wawro는 맹인이며, 동시에 크레용으로 그림을 그리는 자폐인 화가였다.

자폐인들 중에는 음높이를 바로 판단할 수 있는 절대 음감을 가진 사람이 많아 연주자로 활동하는 경우도 있다. 이들은 클래식 곡을 한 번 듣고서 완벽히 연주해내기도 한다. 자폐적인 성향을 보이는 '취약 X 증후군 Fragile X Syndrome(X염색체의 긴 팔 부분에 이상이 있어 발생하는 정신지체 장애)' 환자인 팀 베일리는 피아니스트로 '자폐와 정신지체를 지닌 가수와 연주자들의 음악 집단' 인 '하이 홉스Hi Hopes' 에서 피아노를 맡고 있기도 하다.

왜 이들이 이런 재능을 갖게 됐는지는 아직 알려져 있지 않다. 많은 이론들이 제안됐지만, 뒷받침할 만한 객관적인 증거는 아직 없는 상태다. 그중 한 이론은 림랜드 박사가 주장한 것으로, 이들이 놀라운 집중력을 가졌고, 때문에 특정 영역에 장시간 집중할 수 있다는 것이 그 비결이라는 주장이다. 그러나 우리가 기억력과 인식에 대해 충분히 이해하지 못하는 한, 이들의 탁월한 능력은 '신비' 의 영역 속에 묻혀 있을 수밖에 없다.

흔히들 자폐증을 '심맹mindblindness' 이라고 부른다. 맹인이 눈을 뜨지 못해 앞을 보지 못하는 것처럼, 자폐증 환자는 '마음의 눈' 을 뜨지 못해 사람들과 소통하지 못하고 있다는 것이다. 그러나 〈레인맨〉에서 자폐인인 형은 동생과의 여행으로 '사람과 소통하는 방법' 을 배우지만, 동생과 관객들은 그를 통해 더 많은 것을 배운다. 솔직하고 직선적이며 물질적인 가치를 이해하지 못하는 레이먼드의 모습은 인간성을 상실한 채 물질주의 사회에 매몰돼가는 우리들에게 반성의 기회를 던져준다.

Cinema
2

기면 발작, 위험한 잠에 빠지다

아이다호
My Own Private Idaho

시도 때도 없이 잠의 나락에 빠지는 청년이 있다. 어려서 어머니에게 버림받은 그는 돌아갈 집도, 가족도, 변변한 직업도 없이 거리의 부랑자로 살아간다. 그가 술과 마약, 매춘으로 찌든 일상에서 유일하게 벗어나는 순간은 '기면 발작'으로 인해 깊은 잠에 빠진 상태. 그때마다 그는 따뜻한 어머니의 품에서 편히 잠드는 꿈을 꾼다.

만약 당신이 영화 〈아이다호〉를 통해 기면 발작narcolepsy을 처음 알게 됐다면, 당신에겐 이 정신질환은 '슬프지만 아름다운 질병' 으로 반추될 것이다. 절망적인 현실을 도피하는 수단으로 깊은 잠에 빠지는 청년. 게다가 그가 아름다운 육체와 슬픈 눈망울을 가진 리버 피닉스라면 더욱 그러하리라.

그러나 영화와는 달리, 실제로 기면 발작은 사람들의 삶을 황폐하게 만든다. 수업 시간마다 졸았던 사람들은 깊은 잠에 잠깐씩 빠지는 것이 뭐 그리 큰 병이냐고 생각할 수도 있다. 여기에 관한 재미있는 만화가 미국의 과학지인 〈사이언티픽 아메리칸〉에 실린 적이 있다. 제목은 '무엇이 기면 발작일까?' 두 장의 그림이 있다. 첫 번째 그림에선 강사가 TV에서 강연을 하고, 그것을 보던 시청자가 소파에 앉아 잠을 잔다. 이 그림 밑에는 '이것은 기면 발작이 아니다' 라고 쓰여 있다. 반면 다음 그림에는 소파에 앉은 시청자는 TV를 쳐다보고 있는데, TV 속의 연사가 졸고 있다. 이것이 바로 기면 발작이라는 것이다.

도로 한복판에서 찾아오는 갑작스런 잠

절대로 자면 안 되는 순간에도, 자신의 의지와는 상관없이 온몸의 근육이 풀리고, 참을 수 없는 잠의 세계에 빠져드는 상황은 '정상적인 생활' 을 불가능하게 만든다. 신나게 웃고 떠들다가도, 한참 열심히 일을 하다가도, 심지어 길을 건너다 도로 한복판에서도 그들은 이내 마비 상태가 되고 만다.

기면 발작 환자들은 절대로 자면 안 되는 순간에도,
참을 수 없는 잠의 세계에 빠져든다.
신나게 웃고 떠들다가도, 한참 일을 하다가도, 길을 걷다가도.

그들은 때론 주위 사람들의 삶까지 파괴할 수 있다. 오토바이를 타고 가거나 산업 현장에서 중장비를 몰다가 잠에 빠지기라도 한다면 아찔한 장면이 벌어질 수도 있기 때문이다. 그래서 미국에서는 기면 발작증 환자가 운전하는 것이 법으로 금지돼 있다.

주변에서 흔히 마주칠 수 있는 질환은 아니니 이런 환자가 얼마나 될까 싶겠지만, 생각 외로 많다. 보통 청소년기에 발생하는 기면 발작은 미국의 경우 성인 1500명당 한 명꼴, 일본의 경우 500명당 한 명꼴로 발병한다. 미국에만 약 20만 명이 병을 앓고 있다는 말이다.

기면 발작 환자의 증세는 〈아이다호〉의 첫 장면에서 잘 보여주고 있다. 황량한 도로 한복판에 선 마이크 워터스(리버 피닉스)가 갑자기 경련과 함께 의식을 잃고 잠에 빠진다. 그리고 그는 어머니의 품에서 잠을 자는 꿈을 꾼다. 이처럼 졸음이 쏟아지기 시작하면 꼼짝없이 잠에 빠져들어, 수 분에서 15분 가까이 곯아떨어지다가 다시 또랑또랑해져서 깨어나는 것이 기면 발작의 첫 번째 증세다. 우리가 이틀쯤 밤을 샜을 때 오후 내내 깜빡깜빡 졸음이 몰려오는 상태가 그들에겐 일상처럼 찾아온다. 그러면서도 그들은 밤에 쉽게 잠을 이루지 못하고 뒤척인다.

아침에 잠에서 깼을 때 몸이 거의 마비되는 수면 마비도 기면 발작의 특징으로 꼽을 수 있다. 잠이 들 때나 깰 즈음 환각을 보기도 한다. 실제로 경험한 사건과 착시가 얽혀, 꿈을 꾸듯 환상에 젖어드는 것이다.

기면 발작의 또 다른 증세는 의식이 깨어 있는 상태에서 갑자기 팔다리 근육이 풀리면서 몸을 가눌 수 없게 된다는 것이다. 이것을 '탈력 발작' 이라고 하는데, 특히 크게 웃거나, 심한 분노 상태가 됐을 때, 또는 섹스를 하는 도중에 발생할 가능성이 높다. 마이크가 거리에서 만난 중년의 여인과 성관계를 가지려 하자마자 발작을 일으키는 장면이 이에 해당한다.

왜 잠에 빠져드는가

'기면 발작 환자는 기면 상태에 빠졌을 때 곧바로 렘REM 수면 상태가 된다' 는 사실은 기면 발작을 연구하는 과학자들에게 중요한 연구 단서가 됐다.

보통 정상인의 수면 상태는 크게 렘수면과 렘수면이 아닌 상태로 나눌 수 있다. 렘수면이 아닌 상태에서는 근육은 이완된 채 약간의 긴장을 유지하고 있으며, 호흡은 고르고 대뇌는 높은 전위의 뇌파를 만들어낸다. 잠이 깊어질수록 뇌파의 주파수는 낮아지고, 뇌는 최소한의 에너지만을 사용한다.

반면 렘수면 상태가 되면 호흡과 심장박동이 불규칙해지고, 뇌파는 빠르고 불규칙한 파형을 만든다. 안구가 빠르게 움직이는 특징이 있어 'REMrapid eye movement' 수면이라고 불리는데, 의식은 없지만 마치 깨어 있을 때와 비슷한 신체적 특징을 보인다. 우리가 꿈을 꾸는 것도 바로 이때인데, 간혹 몸을 뒤척이긴 하지만 근육의 긴장은 전혀 찾아볼 수 없다.

그런데 보통 사람들의 경우 잠이 들면 약 90분 정도 후부터 규칙적으로 렘수면 상태가 찾아오는 데 반해, 기면 발작 환자들은 기면 발작 상태가 되자마자 렘수면 상태가 된다. 영화에서 기면 발작을 일으키는 리버 피닉스의 얼굴을 자세히 관찰해보면, 그의 눈동자가 열심히 움직이는 모습을 볼 수 있다. 그는 눈을 감고 있는 상태에서도 렘수면을 열심히 연기했던 것이다.

과학자들은 기면 발작 환자가 곧바로 렘수면에 빠지기 때문에 마치 우리들의 렘수면 상태처럼 꿈을 꾸듯 환상을 본다거나 근육이 완전히 풀리는 경험을 하는 것으로 생각했다. 다시 말해 기면 발작이란 깨어 있으면서도 렘수면 상태에 빠져드는 질병이라는 말이다.

1970년대 초, 미국 스탠퍼드 의대 인간수면연구소에서 본격적으로 시작된 기면 발작에 관한 연구는 '개도 기면 발작에 걸린다'는 사실이 알려지면서 비약적으로 발전했다.

1973년, 몇 마리의 도베르만 개가 주인의 손에 이끌려 윌리엄 디멘트William Dement 박사에게 왔다. 이 개들은 모두 기면 발작 증세를 갖고 있었다. 다른 개들과 열심히 뛰어놀다가도 탈력 발작을 일으켜 맥없이 쓰러지기 일쑤였고, 맛있는 음식을 먹다가도 근육이 마비되는 증세를 보였다. 디멘트 박사는 부모 개가 모두 기면 발작 증세를 보이는 경우, 그 새끼들도 같은 증세를 보인다는 사실을 알아냈다.

연구자들이 가장 관심을 갖는 증세는 '탈력 발작'이다. 갑자기 졸음이 온다거나 환상을 보는 일은 보통 사람들에게도 간혹 일어날 수 있지만, 탈력 발작은 기면 발작 환자에게만 일어나는 특이한 증세이기 때문이다. 개가 탈력 발작을 일으킨다는 사실이 알려지자, 탈력 발작의 원인을 찾아내기 위한 다양한 실험이 행해졌다. 동물 실험을 반대하는 사람들에겐 잔인하게 들리겠지만, UCLA 정신과 제롬 시걸Jerome Segal 교수는 개가 탈력 발작을 일으키도록 여러 가지 자극을 줬다. 결국 그는 뇌간brain stem에 전기 자극을 주는 실험에서 탈력 발작을 일으키는 데 성공했다.

이 실험은 1940년대 미국 노스웨스턴대 호러스 매군Horace W. Magoun 교수가 했던 실험에서 힌트를 얻었다. 매군 교수는 뇌간의 한 부분인 연수medial medulla에 전기 자극을 주면 갑자기 근육이 풀어지면서 사람이 전혀 움직이지 못한다는 놀라운 사실을 알아냈다. 마치 마구 움직이던 로봇의 전원 스위치를 끈 것처럼 말이다. 연수가 근육의 운동을 억제하는 기능이 있음이 밝혀진 것이다.

이 연구는 1953년 렘수면이 발견되기 전에 이뤄졌기 때문에 매군 교수는 이 결과와 렘수면을 직접 연결시키진 못했다. 그 후 연수가 렘수면 시 근육이 함부로 움직이는 것을 막아주는 역할을 한다는 사실이 밝혀졌다. 우리가 평소 움직일 때는 연수가 거의 활동을 하지 않는다. 그러나 가만히 앉아 있으면 연수는 조금씩 활동하기 시작한다. 렘수면에 도달하면 연수는 가장 활발히 활동한다. 만약 연수가 없었다면 도망가는 꿈을 꾸게 되면 렘수면 내내 침대 위에서 마구 뛰어다니게 되고, 누군가를 때리는 꿈이라도 꾼다면 옆 사람의 신변이 위험해질지도 모른다.

1991년 시걸 교수는 기면 발작을 앓고 있는 개가 탈력 발작을 일으킬 때 연수의 신경세포들이 마구 활동한다는 사실을 알아냈다. 깨어 있는 상태인데도 말이다. 다시 말해, 기면 발작 환자는 렘수면 상태에서만 활동해야 하는 연수가 깨어 있을 때도 활동하기 때문에 발생하는 질병인 것이다.

유전자가 그들을 재운다

그렇다면 그 원인은 어디에서부터 비롯된 것일까? 기면 발작을 연구하는 신경과학자들에게 남겨진 가장 어려운 숙제인데, 지난 몇 년 사이 많은 사실들이 밝혀졌다.

1877년 베스트팔Westphal에 의해 기면 발작과 탈력 발작이 직계 가족들에게 발병할 수 있다는 사실이 처음 학계에 보고된 이래, 현재는 기면 발작을 '가족병'으로 생각하고 있다. 크라베Krabbe와 마그누센Magnussen 박사가 보고한 바에 따르면 기면 발작 환자의 친척들은 뚱뚱하고 카드를 하면서 졸거나 테이블에서 고개를 떨구기도 하며, 도중에 심하게 코를 곤다고 한다. 기면 발작 환자의 가까운 친족이 기면 발작에 걸릴 위험도는 1~2퍼센트라는 조사가 있는데, 일반인에 비해 10~40배나 높은 수치다.

1983년에는 유달리 기면 발작 발병률이 높은 일본에서 획기적인 연구 결과가 나왔다. 인간 백혈구 항원인 HLA DR2 유전자와 기면 발작이 큰 상관관계가 있다는 내용이었다. 이후 유럽과 북미 지역에서 기면 발작 환자의 90퍼센트 이상이 HLA DR2와 비슷한 유전자를 갖고 있음이 확인됐다. 다시 말해 유전적인 이상이 기면 발작을 야기할 수도 있다는 말이다.

최근에는 '하이포크레틴hypocretin'이라는 신경전달물질(신경세포들 사이에서 정보 교환에 관여하는 물질)의 돌연변이가 기면 발작의 원인이 될 수 있다는 것이 밝혀져, 기면 발작의 유전 연구는 일대 전환기를 맞이하고 있다. 하이포크레틴은 수면과 각성을 조절하는데, 이 물질에 관여하는 수용체 유전자가 돌연변이를 일으키면 기면 발작에 걸린다는 결과가 개를 이용한 실험에서 나왔다. 앞으로 이 물질이 수면 각성 조절에 담당하는 역할을 구체적으로 밝혀낸다면 기면 발작의 원인 규명과 치료에 커다란 진전이 예상된다.

영화 〈아이다호〉는 기면 발작이라는 단어의 사전적인 의미를 설명하는 장면으로 시작해, 그가 발작을 일으키며 잠에 빠져드는 장면을 자주 보여준다. 〈아이다호〉에서 마이크는 왜 기면 발작에 걸린 것일까?

이것은 이 영화를 이해하는 데 중요한 단서를 제공한다. 그는 종종 어머니를 연상하는 이미지를 만나게 되면 발작을 일으킨다. 길을 걷다가 어머니를 닮은 여인을 보면 이내 현기증을 느낀다. 또 영화는 그가 과도한 스트레스와 절망적인 현실에서 도망치고 싶을 때 어김없이 잠에 빠지는 모습을 보여준다.

그는 기면 발작이 제공하는 꿈(환각)에서 어머니를 만나고, 함께 노래하며 즐거운 시간을 보낸다. 꿈에서 깨어난 그는 연어가 본능을 나침반 삼아 강물을 거슬러 자신이 태어난 곳으로 향하듯, 어머니를 찾아 아이다호로 향한다. 물살을 거슬러 오르는 연어 떼의 이미지가 종종 등장하는 것도, 그의 성이 워터스Waters(수원지)인 것도 혹시 이 때문이 아닐까?

하지만 아이다호에도, 로마에도, 꿈이 아닌 현실 어디에도 어머니는 없었다. 기면 발작의 순간이 그나마 행복의 시간이었을 만큼, 가족애에 목말라했던 마이크에게 현실은 혹독한 '청춘의 통과제의' 였다. 결국 기면 발작은 그의 삶이 슬프도록 절망적으로 보이게 만드는, 아주 가슴 아픈 '영화적 장치' 였던 것이다.

Cinema
3

하나의 육체에 깃든 여러 정신, 다중인격

사이빌
Sybil

1999년 7월 5일, 미국 NBC TV 시사뉴스 프로그램인 〈데이트라인Dateline〉은 워싱턴 대법원이 빌 그린에 대한 선고를 재심하라는 판결을 내렸다고 보도했다. 그린은 한 여성을 잔인하게 강간한 죄로 기소됐으나, 나중에 그가 다중인격 장애를 앓고 있는 정신 질환자로 판단돼 화제가 됐다. 그는 감옥에서 진행됐던 〈데이트라인〉과의 인터뷰 도중 여러 차례 다른 인격으로 전환되는 모습을 보였으며, 리포터는 그의 자세나 목소리, 억양, 말하는 스타일이 어떻게 달라지는지를 상세히 보도했다. 다중인격 증세를 실제로 목격한 많은 미국 시민들은 그에 대한 무죄 판결을 요구했고, 피해 여성조차 그가 유죄 선고를 받는 것에 반대했다. 이 사건은 미국 내에서 다중인격 장애 환자에 대한 법적 책임 논쟁을 야기하는 계기가 됐다.

16개의 인격체를 가진 여성

'다중인격 장애'란 '해리성 정체성 장애dissociative identity disorder'라고 불리는 정신 질환으로서, 한 사람이 둘 이상의 인격을 가지게 되는 질환을 말한다. 다중인격 장애 환자들은 한 번에 한 인격이 그 사람을 지배하며, 대체로 변화된 인격에서 원래 인격으로 돌아갔을 때 그동안 생긴 일들을 기억하지 못한다. '해리성'이란 정상적인 의식 상태로부터 벗어나 기억을 상실하거나 자신의 정체성을 인지하지 못하는 상태를 말한다. 해리 현상은 보통 사람들에게도 종종 일어나는데, 대화 도중에 의식이 잠깐 다른 곳에 가 있다거나, 최면에 잘 걸리는 경향 등이 여기에 해당한다.

다중인격 장애는 주변에서 쉽게 볼 수 있는 질환은 아니지만, 영화나 소설 등 대중 매체를 통해 우리에게 친숙해졌다. 다중인격 하면 제일 먼저 떠오르는 소설은 영국의 소설가 로버트 스티븐슨Robert Stevenson이 쓴 괴기 소설 《지킬 박사와 하이드 씨Strange Case of Dr. Jekyll and Mr. Hyde》다. 학문적 열정과 고매한 인격을 가진 지킬 박사는 인간의 마음속에 내재한 선과 악을 분리해낼 수 있는 약품을 개발하는 데 성공한다. 약의 효과를 테스트하기 위해 직접 실험대에 오른 그는 사악한 하이드로 변해 연쇄살인을 저지르고, 나중에는 약을 먹지 않아도 하이드로 변해 지킬 박사로 되돌아올 수 없는 상태에 이른다. 이 작품은 자살로 생을 마감하는 지킬 박사의 파멸을 통해 대립적이며 모순적인 인간 성격의 단면을 형상화하고 있다.

대중문화 속에 다중인격이 본격적으로 등장한 것은 1957년 출판된 《이브의 세 얼굴The Three Faces of Eve》이라고 볼 수 있다. 코벳 틱핀Corbett H. Thigpen과 허비 크레클리Hervey M. Cleckley가 쓴 이 사례집은 크리스틴 비아참이라는 다중인격 장애를 앓고 있는 여성의 삶을 사실적으로 묘사하고 있다. 아주 내성적이고 얌전한 성격이었던 그녀는 1898년 어느 날 난데없이 명랑하고 쾌활한 성격의 소유자로 돌변한다. 크리스틴과 전혀 다른 인격을 가진 그녀는 자신의 이름을 샐리라고 밝혔는데, 크리스틴은 샐리의 존재를 전혀 모르고 있었다. 그녀의 주치의는 '한 사람이면서 동시에 두 사람인 처녀'라는 제목으로 그녀의 증상을 학계에 보고했고, 이 사건은 전 세계적으로 엄청난 화제를 몰고 왔다. 그 후 놀랍게도, 전혀 다른 성격의 또 한 인격이 크리스틴 안에 내재해 있다는 사실이 밝혀졌다. 세 인격이 하나의 육체를 공유하고 있었던 셈이다. 세 번째 인격은 스스로의 이름을 밝히지 않아 '이브'라고 명명됐다. 이 책은 후에 영화로까지 만들어져 큰 반향을 일으켰다.

1976년 TV 시리즈로 만들어지기도 했던 《사이빌》은 다중인격 장애를 대중들에게 더욱 널리 알리는 계기가 됐다. 베스트셀러였던 이 책은 사이빌이라는 미국 여성이 어린 시절 어머니에게 심한 육체적 학대를 받아 영국식 억양의 여성들과 두 청년을 포함해 16개의 인격체를 가지게 된 사건을 자세히 보고하고 있다. 몇 년 전, 전문대 미술 강사 경력을 가진 메이슨이라는 여성이 자신이 사이빌의 실제 모델임을 밝혀 화제가 되기도 했다.

정신분열증이 아니다

다중인격은 영화나 소설에서 자주 다루어질 만큼 대중들의 호기심을 자극하는 질환이지만, 흔한 질병은 아니다. 다중인격 장애를 앓고 있는 환자 수에 대해서는 학계에서도 아직 일치된 의견을 가지고 있지는 않다. 일반적으로는 지금까지 1000명 내외의 환자가 존재하는 것으로 보고 있는데, 정신과 입원 환자의 0.5~2퍼센트 정도라는 보고도 있다.

훨씬 더 많은 숫자가 이 병을 앓고 있다고 주장하는 사람도 있다. 정신과 의사인 유진 블리스Eugene Bliss 박사는 자신이 추적한 10년 사이 다중인격 장애 환자가 급격히 늘었으며, 자신만 해도 5년간 약 100명의 다중인격 장애 환자를 상담한 바 있다고 보고했다. 최근 들어 다중인격에 관한 의학 보고서나 학술서적, 논문집들도 급증하고 있다.

다중인격 장애의 발병률이 명확하지 않은 이유는 진단하기가 쉽지 않기 때문이다. 영화에 나오는 인물들은 매우 심한 경우들이지만, 실제로 대부분의 다중인격 장애 환자들은 자신의 증세를 감추려 하며, 정확한 증세를 모르는 경우도 있다. 이들은 오랫동안 여러 진단명으로 불리다가 한참 후에야 다중인격 장애로 확진되는데, 확진까지는 평균 7년이 걸린다고 한다.

영화 속 다중인격자의 인격 수는 보통 2~4개 정도인데, 실제 환자에게서 발견되는 인격 수는 평균 6명 내외이며, 많은 경우 26명의 인격이 한 육체 안에 존재했다는 보고도 있다.

다중인격 장애는 종종 정신분열증과 혼동되기도 한다. 사람이 어느 순간 갑자기 다른 사람으로 변하면 '미쳤다'고 보기 때문이다. 그러나 정신분열증의 경우, 정신분열 상태일 때 현실감 없이 비이성적인 행동을 하는 데 반해, 다중인격 장애 환자들은 각각의 인격들이 나름대로 현실감을 가지고 행동하며 통합적인 사고도 가능하다. 다시 말해, 다중인격이 성격의 분열인 반면, 정신분열증은 인지와 감정의 분열인 것이다.

〈미, 마이셀프 앤드 아이린Me, Myself & Irene〉에서도 다중인격 장애는 정신분열증으로 혼동된다. 착하고 이해심 많은 경찰 '찰리'는 치욕적인 모욕을 당하자, 그동안 참아왔던 분노가 한순간에 폭발하면서 포악한 성격을 가진 '행크'라는 다른 인격으로 변한다. 영화에서는 그의 질환을 심각한 정신분열증으로 진단하지만, 찰리와 행크가 각각의 인격 상태에서 현실감을 가지고 행동하며, 이전의 인격 상태에 대해 전혀 기억하지 못한다는 점에서 다중인격 장애로 보는 편이 낫다.

그들은 왜 새로운 인격이 필요했을까

다중인격 장애에 걸리는 이유는 무엇 때문일까. 정신 작용에 관해 잘 알지 못하던 1700년대만 해도 이런 장애는 '악마에 사로잡혀서 생기는 현상'으로 보았다. 그러나 정밀한 사례 연구를 통해 밝혀진 사실에 따르면, 유년 시절에 받은 육체적 또는 성적인 학대가 다중인격 장애를 일으킨다고 한다. 가까운 가족이나 친구의 죽음, 끔찍한 사고의 목격 등 정신적인 외상이 원인이 되기도 한다.

다중인격 장애 환자 100명을 조사해본 결과, 사례들 중 86퍼센트가 성적인 학대를 받은 과거력이 있었고, 75퍼센트가 반복적인 신체적 학대를 받은 것으로 나타났다. 45퍼센트는 아동기에 폭력적인 죽음을 목격하기도 했다. 정신과 의사들은 이것을 심한 학대나 정신적인 외상으로부터 받은 충격에서 자신을 보호하기 위해서, 또는 대면하고 싶지 않은 현실을 피하기 위해서 새로운 인격을 만들어내는 것으로 해석하고 있다.

영화 속에 등장하는 다중인격자들도 끔찍한 학대를 받은 경험들이 있다. 〈스트레인저Never Talk to Strangers〉의 경우, 주인공 사라는 아버지에게 심한 성적 학대를 받고 아버지가 어머니를 살해하는 장면을 목격한 후 다중인격자가 된다. 〈카인의 두 얼굴Raising Cain〉에는 아버지가 다중인격을 연구하기 위해 자식에게 일부러 정신적인 충격을 가해 다중인격을 유발하는 내용이 나온다.

신경과학자들은 현재 다중인격 장애 환자의 뇌 기능 변화에 주목하고 있다. 아직까지 많은 연구가 진행된 것은 아니지만, 연구 방향은 크게 두 가지 흐름으로 나눌 수 있다. 하나는 정신적인 외상이나 육체적 학대가 뇌의 생리학적 기능을 어떻게 변화시키는가를 연구하는 것으로, 이 분야를 연구하는 신경과학자들은 뇌가 심리적인 외상에 어떻게 적응하는지에도 관심이 높다. 다른 하나는 '측두엽 간질'과 해리 현상 사이의 연관성을 임상적으로 밝히는 연구다. 이 분야는 다중인격 장애가 간질과 관련이 있다는 보고가 나오면서부터 시작됐다. 컴퓨터를 이용한 양전자 단층 촬영에 따르면, 다중인격의 변환 과정 동안 측두엽의 혈류가 변화한다고 한다. 때문에 인격 전환 과정은 뇌의 생리학적 변화를 동반하며, 양쪽 측두엽과 연관이 있을 것으로 보고 있다.

다중인격 범죄자를 처벌할 수 있을까

다중인격자들은 영화에서 주로 살인을 저지르는 흉악범으로 등장한다. 실제로 다중인격자가 얼마나 많은 범죄를 저지르는가에 대해서는 정확한 통계가 나와 있지 않다. 다만 강한 스트레스 상황에서는 좀 더 공격적인 자아가 등장하는 경향이 있으므로, 가능성은 언제나 존재한다고 볼 수 있다.

다중인격자는 해리성 정체성 장애라는 정신 질환을 앓고 있는 환자들이기 때문에, 그 상태에서 저지른 범죄에 대해서는 법적 책임을 묻기 어렵다. 그래서 〈프라이멀 피어Primal Fear〉에서처럼 정신과 치료를 받는 것으로 대신하는 경우가 많다. 이 영화에서 주인공 스탬플러는 자신을 성적으로 학대한 대주교를 살해한 죄로 기소되나 다중인격자인 척 행세해, 법적 책임을 면제받는다.

하지만 다중인격자에게서 나타나는 각각의 인격을 서로 다른 사람으로 볼 것이냐, 아니면 한 사람이 가지는 인격의 서로 다른 측면으로 볼 것이냐에 대해서는 논란이 있다. 또 다중인격 장애에 대한 진단 판정이 얼마나 객관적이고 정확한가도 법정에서 중요한 이슈가 된다. 실제로 연쇄살인범 케네스 비안키는 '다중인격자가 병적인 상태에서 저지른 죄에 대해서는 법적 책임이 없다'는 점을 이용해 법망을 피하려는 시도를 하기도 했다.

비안키는 1977년 10월부터 1978년 2월까지 LA 근교에서 무려 12명의 젊은 여성을 살해한 연쇄살인마다. 경찰로 변장한 그는 창녀나 젊은 여성을 유인해 강간한 다음, 잔인한 방법으로 살해해 할리우드 동쪽 언덕에 버렸다.

1979년 1월 비안키가 워싱턴 주 벨링엄으로 이사를 가면서 LA 근교 연쇄살인은 끝이 났지만, 작은 도시 생활에 염증을 느낀 그는 다시 예전 생활로 돌아가 두 여자를 살해했다. 워싱턴에서 체포된 그는 자신이 다중인격 장애에 시달리고 있으며, 살인은 자신이 아닌 '스티브 워커'라는 또 다른 인격 자아에 의해 자행된 것이라고 주장했다. 하지만 그러한 주장은 논쟁 끝에 거짓임이 판명 났고, 그는 감옥에 수감됐다. 만약 의사들이 그의 거짓 연기에 속아 넘어갔다면, 연쇄살인범을 풀어주는 큰 실수를 저지를 뻔했던 것이다.

영화 속에 다중인격자가 자주 등장하는 이유는 무엇일까. 인간의 폭력적인 본성과 연관짓기 쉽고, 막판 반전이 주는 극적 전환이 미스터리의 맛을 느끼게 한다는 점 등이 아마도 영화감독들에게 매력적으로 보였을 것이다.

하지만 다중인격자의 삶이 극적이고, 그들의 행동과 증세가 사람들의 관심을 끌 만한 것이기 때문만은 아니다. 다중인격자가 아니더라도 우리는 누구나 다양한 성격을 가지고 있는 나 자신을 발견하게 된다. 어떤 가수는 '내 속엔 내가 너무도 많아' 라고 노래하지 않았던가! 다중인격은 인간의 행동을 지배하는 무의식적인 본성과 선과 악의 대립적인 양상을 가장 극적인 형태로 표출한다는 점에서 우리에게 시사하는 바가 크다.

Cinema

4

살아남은 자의 슬픔, 외상후 스트레스 장애

하얀 전쟁

20세기는 '과학의 세기'라고 불릴 만큼 과학이 비약적으로 발전한 시기였다. 기계와 컴퓨터로 대표되는 과학기술은 편리하고 풍요로운 산업사회를 만드는 데 결정적인 공헌을 했다. 그러나 인류가 과학의 위용을 가장 절실하게 체감한 사건은 불행하게도 대량 학살로 물든 두 차례의 세계대전이었다. 1914년에 발발한 제1차 세계대전은 기관총과 탱

크, 미사일, 전투기, 잠수함 등 대량 살상용 무기가 최초로 사용돼 무려 1000만 명의 사망자를 낳았으며, 부상자와 민간인 피해자까지 포함하면 그 수는 3000만 명에 이른다.

바로 옆 전우가 기관총과 미사일에 무참히 살상되는 모습을 인류 처음으로 목격한 참전 병사들은 전쟁이 끝난 후에도 사회에 적응하지 못하고 힘든 시간을 보내야만 했다. 그들은 때때로 자신의 몸이 심하게 흔들리는 것을 가누지 못했고, 숨이 차오르는 것을 억누를 수 없었다. 그리고 무엇보다도 끔찍한 악몽과 혼자 살아남았다는 죄의식에 시달려야만 했다.

인간의 정신을 황폐화시키는 전쟁후 증후군

미국 CBS 방송은 20세기 미국의 역사를 정리하는 다큐멘터리에서 1차 세계대전이 끝난 직후 미국의 상황을 '포탄 충격Shell Shock' 이라고 명명했다. 1차 세계대전은 참전 용사들과 그들의 가족, 그리고 사회 전체에 '인간에 대한 혐오' 와 '과학기술에 대한 공포' 라는 정신적인 후유증을 남겼기 때문이다. 전쟁이 남긴 상처는 사회 전체를 한동안 심한 공황 상태로 몰고 갈 만큼 매우 깊었다.

1차 세계대전 후에도 인류는 제2차 세계대전과 6·25 전쟁, 월남전, 걸프전 등 굵직굵직한 전쟁을 겪었다. 2차 세계대전 때는 '원자폭탄' 의 가공할 만한 위력을 목격해야 했고, 베트남에선 명분도 없는 전쟁을 수년 동안 지속해야 했다.

한때 대중들에게 가장 인기 있는 영화 장르였던 '전쟁 영화' 는 1960년

대까지만 하더라도 전쟁 영웅을 미화하고 애국심을 고취시키려는 정치 선동의 혐의가 짙었다. 그러나 베트남 전장이 인간성 말살의 목격 현장이 되고 참전 병사들의 사회 부적응이 사회적인 이슈가 되면서, 영화는 '살아남은 자의 슬픔'을 어루만지기 시작했다. 〈디어 헌터The Deer Hunter〉와 〈버디Birdy〉, 〈플래툰Platoon〉, 〈7월 4일생Born on the Fourth of July〉, 〈하얀 전쟁〉 등 많은 전쟁 영화들이 베트남 전장의 비인간적인 실상을 고발했다. 또한 아수라장이 된 전쟁터와 그 속에서 병사들이 감당해야 할 공포를 실감나게 묘사한 〈라이언 일병 구하기Saving Private Ryan〉와 〈씬 레드 라인The Thin Red Line〉이 동시에 개봉돼 화제가 되기도 했다.

그중에서도 〈버디〉와 〈하얀 전쟁〉은 전쟁이 끝난 후 사회로 돌아온 참전 병사가 정신적인 충격을 이기지 못해 고통스런 삶을 살아가는 모습을 보여줌으로써 전쟁의 비인간성을 고발한 작품이다. 이 영화들에서 주인공은 공통적으로 '외상후 스트레스 장애post traumatic stress disorder, PTSD'라는 정신 질환을 앓고 있다. 외상이란 원래 '외부로부터 얻은 상처'를 뜻하는데, 정신병리학에서는 심리적, 정신적인 상처를 의미한다. 따라서 PTSD는 외상으로 여겨질 만큼 감정적인 스트레스를 경험했을 때 수반되는 정신 장애를 말한다. 전쟁이나 자동차 사고, 강간, 화재, 자연 재해 등 끔찍한 사건이나 사고를 경험(또는 목격)하는 경우 발병하게 된다. 그중에서도 특히 전쟁 경험이 외상이 된 경우를 '전쟁후 증후군'이라 부른다.

PTSD에 주목하는 세 가지 이유

최근 들어 정신병리학이나 이상심리학 분야에서는 PTSD에 대한 연구가 활발하게 진행되고 있는데, 여기에는 몇 가지 이유가 있다.

첫째, 문명이 발달하고 사회가 점점 복잡해지면서 대형 사고나 잔인한 범죄가 크게 늘어나고 있기 때문이다. 또 극악무도한 살인이나 성폭행 사건이 연일 신문에 오르내리고 있다. 따라서 이런 끔찍한 사건으로 인해 발병될 수 있는 PTSD를 치료하는 일이 절실히 요구되고 있다.

현재 PTSD의 발병률은 일반 인구의 1~3퍼센트 정도이며, 유사한 증상을 경험한 사람은 5~15퍼센트에 이른다. 남자는 대개 전투 경험이 원인이 되며, 여성에겐 강간이 주된 원인이 된다. 특히 강간 피해자는 전쟁 피해자보다 훨씬 더 많은 수를 차지하며, 강간 자체가 생명까지도 위협하는 치명적인 외상임에도 불구하고 일상생활에서 쉽게 자행되는 범죄이기에 문제가 더욱 심각하다.

둘째, 사고를 당한 사람들이 호소하는 정신적 충격의 후유증이 법적 소송에서 논란이 되고 있다는 점도 PTSD 연구를 촉진하는 계기가 됐다. 아직도 PTSD에 대한 인식이 부족해 피해자에 대한 정당한 보상이 이뤄지지 않는 경우가 많이 있으며, PTSD의 진단 여부가 보험회사와 피해자 간의 분쟁이 되기도 한다.

실제로 학계에 처음 보고된 PTSD 사례 중 하나도 법적 보상과 관련된 것이었다. 1800년대 후반 러시아는 철도 사고를 당한 노무자와 일반인들을 위한 보상법을 처음으로 도입했다. 이 법이 도입되자마자 많은 사람들이 철도 사고 이후 정신적 고통과 후유증에 시달리고 있다고 주장하고 나섰다. 언뜻 보기에 이들의 주장은 보상금을 타기 위해 꾸며낸 것 같았다. 정확한 진위를 알 수는 없지만, 당시 사람들이 토로한 증상을 보면 오늘날의 PTSD와 매우 유사한 것은 사실이다. 철도 사고로 인해 쇼크를 입었다고 주장하는 그들은 혈액 순환과 호흡계, 신경 계통에 장애를 보였고, 심한 우울증에 시달렸다. 철도 회사를 상대로 배상을 요구하는 사람들의 숫자가 엄청나서, 그 후 이 증상은 '철도의 가시'라는 이름으로 사람들에게 널리 알려졌다.

셋째, 그동안 심리적인 문제로만 여겨졌던 PTSD에 대해 '신경학적으로 뇌에 이상이 동반된다'는 연구 결과들이 나오면서 PTSD에 대한 연구는 더욱 활기를 띠게 됐다. 이는 1970년대 이후 월남전 참전 용사들에 대한 관심이 높아지면서 드러난 사실로, 정신적인 스트레스가 뇌의 생리적인 변화를 유발할 수 있다는 것은 PTSD에 대한 약물 치료가 가능할 수도 있음을 보여주었다.

과거에 붙잡힌 사람들

PTSD, 그중에서도 전쟁후 증후군 환자들의 증세는 영화 〈하얀 전쟁〉에 잘 나타나 있다. 변진수 일병(이경영)은 베트남에서 귀국한 후 갖가지 전쟁후 증후군에 시달린다. 그는 천둥 소리만 들어도 몸을 웅크리고 침대 밑으로 숨는다. 학생들의 시위장에서 들려오는 최루탄 터지는 소리에도 "(베트)콩이에요" 하면서 도로 한복판에 엎드린다. 심지어 교회 종소리마저 포탄 소리로 착각한다. 이처럼 전쟁후 증후군 환자들은 전쟁을 연상시키는 작은 단서만으로도 공포와 불안을 느낀다.

그는 월남전에서 겪은 자신의 경험을 종종 재체험하기도 한다. 당시의 이미지나 감각을 그대로 느끼며 극적인 운동 반응을 보이기도 하는데, 이를 '플래시백' 이라고 부른다. 플래시백은 영화에서 과거 장면으로 순간적으로 전환되는 것을 의미하는 영화 용어이기도 하다. 재미있는 것은 영화에서 변진수가 PTSD로 인해 플래시백을 경험하는 장면을 플래시백 기법으로 보여주고 있다는 사실이다. 영화 〈버디〉에서도 플래시백은 주인공 버디가 왜 웅크리고 앉아 창 밖만 바라보고 있는가를 이해하게 도와주는 단서를 제공한다.

전쟁후 증후군 환자들은 때론 자신을 살인자와 동일시해 폭력적으로 변하는가 하면, 희생자들과 동일시해 자기 파괴적인 경향을 보이기도 한다. 변진수는 후자에 속한다. 그는 베트남에서 양민을 죽인 사건에 대해 심한 죄책감을 느낀다. 권총을 소지하고 있는 그는 종종 자살을 시도하지만, 죽음에 대한 공포로 끝내 방아쇠를 당기진 못한다. 베트콩을 죽일 때마다 전리품으로 귀를 잘라냈다는 사실에 죄책감을 느꼈던 그는 자신의 귀를 잘라내고는 홀가분해한다.

그리고 마지막 장면에서 한기주 병장(안성기)에게 자신을 죽여달라고 부탁한다. 전쟁이 끝난 후에도 서울을 '월남의 정글' 과 혼동하며 살아가는 변진수의 고통을 덜어주기 위해 한기주는 그의 가슴에 총을 쏜다. 변진수는 미소로 죽음을 맞이하면서 영화의 마지막을 장식한다.

PTSD 환자에겐 심인성 기억상실이 일어나기도 한다. 예를 들어 강간 피해자가 강간 당시의 상황을 잘 기억하지 못하는 경우가 여기에 해당한다. 〈하얀 전쟁〉에서 변진수가 자신의 동료 전우들이 죽었다는 사실을 기억하지 못하고 계속 어디 있냐고 묻는다거나, 죽은 동료를 만나러 간다며 길을 나서는 행동은 심인성 기억상실로 볼 수 있다. 이는 기억상실을 통해 외상으로부터 자신을 보호하고 충격을 회피하려는 심리 기저로 해석된다.

고통으로부터 자유로워질 수 있을까

그렇다면 전쟁후 증후군은 어떻게 치료할 수 있을까. 예전에는 외상의 공포를 전기 충격과 같은 더 큰 통증으로 중화시키는 치료법을 사용했다. 이를 통해 많은 환자들이 다시 전선으로 돌아가기도 했으나, 고통을 견디지 못하고 자살하는 경우도 많았다.

전쟁후 증후군 환자에게 치료란 환자들이 외상 이전의 상태로 되돌아간다거나 있었던 사건을 없었던 일로 여기게 되는 것이 아니라, 외상을 있는 그대로 받아들이고 그 경험을 통합해 일상생활에 잘 적응하는 것을 말한다. 따라서 외상을 회피하지 않고 자연스럽게 받아들이도록 도와주는 것이 무엇보다 중요하다. 환자는 자신의 외상 경험을 가족이나 친구에게 얘기할 수 있는 여유를 터득해야 하며, 가족들도 환자의 무거운 고백을 경청해주는 노력이 필요하다.

영화 〈사랑과 추억The Prince of Tides〉은 PTSD가 어떻게 치유될 수 있는가를 잘 보여주는 작품이다. 톰(닉 놀티)과 그의 가족은 아빠가 없는 사이 탈옥수들에 의해 무참히 성폭행을 당한다. 그들은 이 기억을 누구에게도 말하지 않기로 약속하지만, 그로 인해 마음의 병은 더욱 깊어만 간다. 그러나 심리 치료사인 수잔(바브라 스트라이샌드)에게 이 사실을 솔직하게 고백하면서 마음의 짐을 덜어낸다.

심리 치료와 함께 약물 치료를 병행하는 것도 좋다. 약물 치료는 우울증이나 수면 장애, 과도한 각성 등 생리적인 증상들을 경감시켜준다. 약물 치료는 환자들이 생리적인 반응으로 인해 또 한 번 상처받는 것을 막아준다. 또 고통스런 증상을 완화시킴으로써 심리 치료가 가능하도록 도와줄 뿐 아니라, 치료 효과를 높여주기도 한다.

영화 〈버디〉에서 월남전에서 탈출한 주인공 버디는 새처럼 비상하길 꿈꾼다. 정신병동에 웅크리고 앉아 창문만 하염없이 바라보던 그는 과연 무슨 생각을 하고 있었던 것일까. 전쟁터가 인간성을 상실한 현실을 상징하는 것이라면, 버디의 날고 싶은 욕망은 자유와 이상을 향한 주인공의 의지를 상징한다.

물질주의에 매몰된 현대 사회에서 잔인한 범죄는 점점 더 늘어간다. 우리가 그 속에서 운 좋게 살아남는다고 해도, '과도한 정신적 스트레스' 마저 비켜가긴 힘들다. PTSD가 영화 속에 자주 등장하는 것은 현대 물질 문명이 인간의 정신을 얼마나 황폐하게 만드는가를 단적으로 보여주는 장치이기 때문이며, 전쟁후 증후군은 그것의 가장 극단적인 형태라고 볼 수 있다. 현대를 살고 있는 우리는 지금 '도시' 라는 전쟁터에 내던져진 위태로운 존재인 것이다.

Cinema

5

음식에 대한 극단적인 거부와 집착

301 302

음식은 단순히 먹는 것 이상의 의미를 지닌다. 아이들은 뭔가 불만이 있거나 투정을 부릴 때 '나, 밥 안 먹어!' 라는 말을 곧잘 쓴다. 정치인들도 자신의 의지나 결백을 주장할 때 단식을 택하곤 한다. 누군가와 친해질 때 함께 식사를 하는 것만큼 좋은 길은 없으며, 친구와 함께 마시는 술만큼 달콤한 것도 없다. 음식이 생존에 꼭 필요한 것이니만큼, 음식을 거부하는 행위는 강력한 의지와 결단의 표상이며 음식을 함께 먹는 것은 관심과 친밀감의 상징이다.

물질적으로 풍요로운 현대에 와서 음식 문화는 그 사람의 생활 수준이나 생활 습관을 반영하기도 한다. 이를테면 고급 레스토랑에서 비싼 음식을 먹는 것은 경제적인 부를 상징하게 됐고, 아름다운 몸매를 위한 다이어트는 현대인의 가장 심각한 고민거리가 됐다. 이렇듯 음식은 현대 사회에서 가장 중요한 문화로 자리 잡고 있다.

음식이 정신적 · 심리적인 요소들이 결합된 문화적인 형태로 자리 잡아감에 따라 여기에 얽힌 정신 장애가 발생하는 것도 어쩌면 당연하다. 음식을 먹는 행위에 심각한 문제가 있는 정신 질환을 '섭식 장애eating disorder' 라고 하는데, 거식증과 폭식증이 그 대표적인 예다. 특히 날씬한 몸매를 강요하는 현대 사회의 분위기는 많은 여성들을 섭식 장애의 위험 속으로 내몰고 있다.

뚱뚱한 몸으로는 살 수 없는 세상

오늘날 여성이 뚱뚱한 몸으로 살아간다는 것이 얼마나 힘겨운가는 영화 〈뮤리엘의 웨딩Muriel' s Wedding〉이나 우리 영화 〈코르셋〉을 보면 잘 알 수 있다. 〈뮤리엘의 웨딩〉에서 여주인공 뮤리엘은 뚱뚱하고 못생겼다는 이유로 친구들에게(심지어 아버지에게도) 무시당하고 급기야 올림픽 출전을 위해 호주 국적을 얻으려는 남아프리카 수영 선수와 위장결혼식까지 올린다. 〈코르셋〉에서 속옷 디자이너 공선주는 동료 남성들에게 늘

날씬한
몸매를 강요하는
사회 분위기는 많은 여성들을
섭식 장애의 위험 속으로
내몰고 있다.

©Pumpa1 | Dreamstime.com

웃음거리가 되며 심지어 자신의 몸을 있는 그대로 사랑한다고 믿었던 애인에게까지 배신을 당한다. 이 영화들을 보고 있으면 뚱뚱한 여성에 대한 남성들의 멸시와 날씬한 몸매에 대한 여성들의 스트레스가 가히 여성들을 정신 장애로 몰고 가고도 남음을 짐작게 된다.

특히 모델이나 연예인들의 경우 이러한 스트레스는 보통 사람들이 상상하는 것 이상이다. 체중 증가에 대한 심각한 두려움이나 정신적인 상처로 인해 식사를 거부하는 질병인 거식증이 일반인들에게 널리 알려지게 된 것도 인기 듀오 카펜터스의 멤버인 카렌 카펜터가 '거식증으로 인한 심장마비'로 사망한 이후부터다. 카펜터스는 'Top of The World', 'Yesterday Once More', 'Sing' 등 수많은 히트곡으로 1970년대 미국 팝 음악계를 휩쓸었던 남매 듀엣이다. 화려한 겉모습과는 달리 오랜 외로움과 과도한 스트레스에 시달렸던 카렌은 다이어트를 통해 체중 조절을 하다가 그것이 지나쳐 거식증까지 걸리게 됐다. 1983년 2월, 옷을 꺼내기 위해 옷장을 향하던 그녀는 갑자기 찾아온 심장마비로 쓰러져 영영 깨어나지 못했다. 당시 32세였던 그녀의 몸무게는 30킬로그램 정도였다고 하니 거식증이 얼마나 심각했는지 짐작할 수 있다.

파파라치에게 쫓기다가 교통사고로 사망해 영국 국민들을 깊은 슬픔에 잠기게 했던 다이애나 비도 남편과의 불행한 결혼 생활 때문에 거식증에 시달렸다. 할리우드 영화배우 멜라니 그리피스는 남편 안토니오 반데라스의 사랑을 잃지 않기 위해 다이어트 약을 과다 복용해오다가 병원에 입원하기도 했다. 체조 선수나 발레리나처럼 마른 몸이 요구되는 직업의 종사자들도 거식증에 걸릴 위험이 높다. 미국의 체조 영웅이자 올림픽 메달리스트 캐시 릭비 매코이는 올림픽 출전을 위해 체중 조절을 하다가 거식증에 걸려 16살 때부터 12년 동안 거의 음식물을 먹지 못했다고 한다.

302호 그녀는 왜 음식을 거부했을까

그렇다면 과연 거식증이란 어떤 질병인가. '신경성 식욕 부진증anorexia nervosa' 이라고 불리는 이 질병은 체중 증가에 대한 심각한 두려움이나 정신적인 상처로 인해 식사를 거부해 극도의 체중 감소를 유발하는 정신 장애를 말한다. 주로 사춘기 또는 20대에 발병하며 여성이 남성에 비해 발병할 확률이 10~20배가량 높다. 특히 강박적, 완벽주의적, 지적, 이기적인 젊은 여성에게서 자주 발병한다.

거식증에 걸리면 마른 체형을 가졌음에도 불구하고 음식에 대한 극도의 혐오를 보이고 음식물을 보기만 해도 구토를 일으킨다. 또 설사제나 이뇨제를 쓰면서까지 체중을 줄이려고 노력하며, 심한 우울증이나 불안 장애에 시달리기도 한다. 과다한 체중 감량으로 인해 월경이 멈추기도 한다.

앞서 설명한 날씬한 몸매를 강조하는 사회적인 분위기 외에도, 거식증을 일으키는 원인은 다양하게 찾아볼 수 있다. 먼저 정신적인 요인을 들 수 있는데, 어떤 거식증 환자들은 동물적인 욕구에 대한 극도의 혐오감 때문에 음식 먹기를 거부한다. 섹스와 식사를 동일시하면서 음식을 먹을 경우 임신을 할지도 모른다는 환상에 사로잡히기도 한다. 성욕이나 식욕을 억제하려는 금욕적인 성향 때문에 거식증으로부터 헤어나지 못하는 것이다.

〈301 302〉의 여주인공 윤희(황신혜)는 어린 시절 겪은 성적 학대와 그로 인한 정신적인 충격으로 거식증에 걸린 경우다. 강박적이며 이지적인 그녀는 다이어트에 관한 글을 기고하며 생활하는 자유기고가다. 어린 시절 정육점을 하는 의붓아버지에게 상습적으로 성폭행을 당했던 그녀는 고기와 섹스를 떠올리기만 해도 아버지가 연상된다. 음식을 먹는 행위를 섹스와 같은 것으로 보기 때문에 음식물이 자신의 몸으로 들어오는 것에 대한 극도의 혐오감을 드러낸다.

영화에서는 종종 거식증이 섹스 혐오증을, 폭식증이 섹스 탐닉증을 상징하는 코드로 사용된다. 〈301 302〉에서 윤희에게 음식 공세를 퍼붓고 엽기적 결말로 관객을 이끄는 301호 주부 송희(방은진)는 음식을 만들어 먹는 것을 즐기는 여성으로서 섹스에도 탐닉하는 모습이 묘사돼 있다. 피터 그리너웨이Peter Greenaway 감독의 〈요리사, 도둑, 그의 아내 그리고 그녀의 정부The Cook the Thief His Wife & Her Lover〉에서는 음식과 섹스에 대한 연결 고리가 좀 더 노골적인 형태로 나타나 있다. 성적인 욕구와 권력욕이 강한 도둑은 폭식을 즐기며, 아내와 정부의 혼외정사는 주로 식당이나 요리를 앞에 놓은 자리에서 벌어진다.

정신분석을 하는 임상심리학자들에 따르면, 거식증에 걸린 젊은 여성들은 심리적으로 엄마로부터 독립하지 못하고 있다고 한다. 그들은 자신을 이해하지 않고 강요만 하는 엄마가 신체에 내재돼 있는 것처럼 생각한다. 그래서 음식을 먹지 않음으로써 엄마가 내재돼 있는 신체의 성장을 막고, 심지어 이를 파괴하려는 무의식적인 시도로 거식증을 해석한다.

거식증의 생물학적인 요인에 대한 연구도 활발하게 진행 중이다. 일란성 쌍둥이의 경우 거식증에 함께 걸릴 확률이 50퍼센트가 넘는다. 거식증이 발생할 확률이 1퍼센트도 안 된다는 점을 감안하면 굉장히 높은 일치율이다. 이 연구 결과는 거식증이 유전적인 요인에 의해 발생할 수 있음을 시사한다.

〈301 302〉에서 거식증 환자 윤희는 거의 식사를 하지 않으면서도 정상적인 생활을 상당 기간 유지한다. 이런 일이 어떻게 가능할까. 과학자들은 거의 정상적인 활동이 불가능한 상황임에도 불구하고 절식과 심한 운동을 계속할 수 있는 것은 거식에 중독적인 성향이 있기 때문이라고 본다. 우리 몸에는 아편과 똑같은 성분의 호르몬이 있다. 이들은 신체에 심한 고통이 가해질 경우 고통을 억제하는 역할을 한다. 이 물질은 식욕을 억제하는 특성도 있다. 한 실험에서 쥐에게 밥을 하루에 한 번만 주었더니 쥐가 스스로 식사를 억제하고 과도하게 운동을 하는 현상이 관찰됐다. 아마도 장기간 굶기면 몸 안의 아편 수준이 증가하면서 일종의 도취감이 생겨 거식적인 행동을 계속 유지하는 것이 아닌가 추측해볼 수 있다. 이런 생물학적인 연구는 거식증에 대한 약물 치료의 길을 열어줄 수도 있어 약학 분야에서 활발히 진행되고 있다.

폭식증, 거식증의 뒷모습

폭식증은 일반적으로 음식을 무조건 많이 먹어 생기는 '비만'과

자주 혼동되는데, 많이 먹는다고 해서 모두 폭식증은 아니다. '신경성 대식증bulimia nervosa' 이라고 불리는 이 질병에 걸리면 복통과 구역질이 날 정도로 많이 먹으면서 식욕을 통제할 수 없는 지경이 된다. 미국에서는 흔히 불리미아bulimia라고 불리는데, 그 어원을 보면 그리스어로 'bous' 는 황소를 뜻하며 'limos' 는 배고픔을 뜻한다. 즉 '황소처럼 많이 먹는 식욕' 이라는 뜻이다. 폭식증 환자들은 자신이 뚱뚱해지는 것에 충격을 받고 이러한 습성에 대해 심하게 죄책감을 느끼거나 자기 혐오 증세를 보인다. 그래서 일부러 먹은 음식물을 토하거나 설사제를 복용하기도 한다. 우울증으로 괴로워하는 경우도 많다.

실제로 폭식증을 앓고 있는 환자의 수가 거식증 환자 수보다 더 많다. 폭식증 환자의 90퍼센트 이상은 젊은 여성이며 정상적인 체중을 가진 여성에게 자주 나타나지만 과거에 비만 경력이 있는 경우도 있다. 영화배우이면서 에어로빅 비디오로 더욱 유명해진 제인 폰다는 자신이 오랫동안 폭식증 환자였음을 고백한 바 있으며, 미국의 팝 가수 폴라 압둘도 자신이 폭식증 환자였음을 밝혀 화제가 됐다. 〈301 302〉에서 301호에 사는 송희 역시 종종 폭식증적인 성격을 보인다.

폭식증에 관한 역사적인 기술을 살펴보면 과거에도 폭식증이 빈번하게 있었음을 발견할 수 있다. 중세까지만 해도 음식 공급이 불안정하고 예상 수명이 짧았기 때문에 번영한 시기가 오면 사람들이 음식을 과도하게 많이 먹는 경향이 있었다고 한다. 이런 시기에는 대규모로 과식을 하는 일이 종종 있었는데, 중세 수도자들은 참회의 한 방법으로 구토를 하는 경우가 있었다고 문헌은 말한다. 로마 가톨릭교회는 대식gluttony을 일곱 가지 중죄 가운데 하나로 정하기까지 했다. 영화 〈세븐Seven〉은 단테의 《신곡》에 묘사된 일곱 가지 중죄를 지은 사람들을 쫓아다니며 연쇄살인을 벌이는 내용을 담고 있다. 이 영화를 보면 대식에 대한 종교적인 입장이 간략하게 소개돼 있다.

최근에는 우울증 치료약이 폭식증에 효과가 있다는 연구 결과가 계속 보고되고 있어 세로토닌이나 노르에피네프린 같은 우울증 관련 호르몬이 폭식 증세와도 연관 있을 것으로 보고 한창 연구 중이다.

음식 문화에 관한 한, 현대 사회는 지금 심각한 딜레마에 빠져 있다. 한편으로는 물질적인 풍요와 서구식 식문화로 인해 비만 인구가 점점 늘어나고 있는데, 다른 한편에서는 미의 추구가 지나쳐 날씬한 몸매에 대한 동경과 비만에 대한 혐오가 극에 달하고 있다. 특히 우리나라에서는 이러한 경향이 더욱 두드러진다. 이런 사회 환경에서는 거식증이나 폭식증으로 괴로워하는 사람들이 늘어날 수밖에 없다. 거식증이나 폭식증 환자의 90퍼센트 이상이 여성이라는 사실은 날씬한 몸매에 대한 사회적인 (주로 남성들에 의한) 분위기가 얼마나 폭력적인가를 잘 보여준다. 이제부터라도 '날씬함'에 대한 강박증적인 시각을 버리고 다른 사람을 바라보자. 그렇지 못하면 결국 당신이 그 피해자가 될 수 있다.

Cinema

6

자신을 가두는 반복의 굴레

이보다 더 좋을 순 없다

As Good as It Gets

운동선수들에겐 징크스라는 것이 있다. 시합 전엔 수염을 깎지 않는다거나 왼발부터 양말을 신어야 그날 경기가 잘 풀린다는 등 징크스의 종류도 다양하다. 무심결에 오른발부터 양말을 신기라도 하면 집을 나섰다가도 도로 들어가 양말을 벗고 왼발부터 다시 신는 사람도 있다.

어떤 야구 선수는 아침에 아내가 설거지를 하다가 접시를 깨면 그날은 어김없이 홈런을 친다고 해서 아내가 일부러 접시를 떨어뜨리기도 한다는 얘기를 TV에서 들은 적이 있다. 운동선수 본인들도 징크스가 그저 '심리적 위안' 일 뿐이라는 것을 잘 알고 있지만, 경기에 대한 스트레스를 덜고 자신감을 얻기 위해 이런 행동을 반복적으로 하는 것이 아닐까.

운동선수가 아니더라도 특정 행동을 몇 번씩 반복적으로 하지 않으면 참지 못하는 사람들이 있다. 외출하기 전에 가스 밸브는 잘 잠갔는지 전등은 잘 껐는지 몇 번씩 확인해야 하거나, 화장실에서 손을 씻을 때 '비누로 3번 씻고 맑은 물에 10번씩 헹군다' 는 식의 규칙을 지키지 않으면 못 견디는 사람들이 있다. 또 경사진 길을 걷다가 '우리 아이가 이 길로 오다가 넘어져 다치지는 않을까' 하는 생각이 불현듯 들면 하루 종일 그 생각에서 헤어나지 못하는 엄마들도 있다.

이처럼 불합리한 줄 알면서도 특정 행동을 하려는 반복적인 욕구에 저항할 수 없을 때 이것을 '강박적 행동' 이라고 부른다. 물론 운동선수들의 징크스나 엄마가 외출할 때 여러 번 문단속에 신경 쓰는 것을 정신 질환이라고 볼 수는 없다. 하지만 그 증세가 지나쳐서 자신의 의사와 상관없이 어떤 생각이나 행동을 반복적으로 수행해야 하며 그렇게 하지 않으려고 노력하면 할수록 더욱 불안해지는 노이로제 상태에 이르면, 이것은 '강박증' 이라는 심각한 정신장애가 된다.

100번의 손 씻기, 3시간의 머리 빗기

1980년대까지만 해도 강박증은 매우 드문 병으로 여겨졌다. 정신과 병동에 입원한 사람들 100명 가운데 강박증 환자는 한 명 정도 있을까 말까 할 정도로 희귀했다. 그러나 '정상인'을 상대로 한 최근 역학 조사에 따르면, 보통 사람 100명 중 두세 명 정도는 일생에 한 번쯤 강박증을 경험한다는 보고가 있을 정도로 이제는 결코 드문 장애가 아니다.

강박증 환자의 전형적인 증상은 영화 〈이보다 더 좋을 순 없다〉에서 잭 니컬슨이 열연한 소설가 멜빈 유달의 행동에서 찾을 수 있다. 〈이보다 더 좋을 순 없다〉는 미국 정신과에서 일반인을 상대로 한 대중 강연에서 '강박증 증세'의 예로 자주 보여줄 정도로 환자의 증상을 잘 보여주고 있다.

영화 속 주인공 멜빈은 길을 걸을 때 절대로 보도블록의 금을 밟지 않으며, 항상 같은 식당 같은 자리에서 같은 종업원에게 같은 음식을 주문한다. 전화를 받을 때는 헛기침으로 시작해야 하고, 어떤 행동이든지 5번씩 반복하는 습관이 있다. 물건은 항상 말끔히 정돈돼 있어야 하며, 세수 후에 쓴 수건도 흐트러짐 없이 제자리에 놓아야 한다. 더러움에 대한 공포가 심해서 다른 사람의 몸이 닿는 것을 극도로 싫어하며, 장갑이나 비누는 한 번 쓰고 버린다. 식당에서 식사를 할 때도 식당에 있는 식기를 쓰지 않고 자신이 가져온 일회용 수저와 접시를 쓸 정도다.

강박증 환자들이 가지는 강박적 행동 유형은 사람에 따라 천차만별이다. 가장 일반적인 유형으로 반복 확인 유형이 있다. 앞서 설명했듯이 문단속은 잘했는지, 전등은 잘 껐는지 반복적으로 확인하는 경우를 말한다. 수험생의 경우 시험 시간에 답안지에 답을 맞게 썼는지 자꾸 확인하게 된다. 심한 경우 1번 답을 제대로 썼는지 계속 확인하는 바람에 정작

누구나 한두 번씩은
강박적인 행동을 경험한다.

Martinturzak | Dreamstime.com

풀어야 할 문제를 못 푸는 경우도 있다.

한편 더러움에 대한 지나친 두려움을 느끼는 유형이 있다. 흔히들 결벽증(강박적 청결)이라고 부르는 이 증상의 흔한 예가 바로 '과도한 손 씻기'다. 손을 수십 번씩 씻고도 여전히 깨끗하지 않다고 생각하며 이러한 생각 때문에 계속 씻지 않으면 불안해서 견딜 수 없게 되는 것이다. '난 100번을 씻어야 안정이 된다' 라는 식으로 횟수를 정해놓고 씻는 사람도 있다. 심한 사람들은 버스나 택시를 탈 때 손수건을 대고 손잡이를 잡는다.

결벽증에 걸린 환자의 경우 손을 씻는 데만도 몇 시간씩 걸린다. 따라서 정상적인 출퇴근이 불가능하기 때문에 직장 생활이 어려워 프리랜서로 활동하는 경우가 많다. 〈이보다 더 좋을 순 없다〉에서 멜빈이 시간의 굴레로부터 상대적으로 자유로운 '소설가' 로 설정된 것도 이 같은 이유 때문일 것이다. 그가 만약 직장인이었다면 직장 동료들과 원만한 인간관계를 맺기는커녕 출근도 제시간에 못 했을 것이다.

다음으로 강박적 사고를 하는 유형이 있다. 이 유형에 해당되는 환자들은 과거에 일어났던 괴로운 사건에 집착하거나 아직 일어나지도 않은 불길한 일을 미리 상상하며 괴로워하고 그 생각의 굴레에서 헤어나지 못하는 경우가 많다. 어떤 환자들은 '왜 해는 동쪽에서 뜰까' 또는 '사람의 코는 왜 얼굴에 있을까' 같은 문제를—아무리 생각해도 결론이 나지 않을 걸 뻔히 알면서도—골똘히 생각하며 대부분의 시간을 보낸다.

좌우대칭이나 완벽성에 지나치게 집착하는 타입도 있다. 머리를 빗을 때 좌우대칭을 맞추기 위해 3시간 이상 소모한다거나(실제로 이런 사람들이 있다!), 베개를 제자리에 놓고 자기 위해 베개 위치를 고치다가 밤새 잠

한숨 못 자는 경우가 여기에 해당된다.

강박증에 대한 예제 화면으로 〈이보다 더 좋을 순 없다〉보다 더 좋은 자료도 없지만, 약간 납득이 가지 않는 부분도 있다. 보통 강박증 환자들은 지나치게 신중한 탓에 쉽게 결정을 못 내리고 우유부단한 경우가 많다. 그래서 어떤 일을 할 때 다른 사람들보다 능률적이지 못하고 생산성이 현저히 떨어지는 경우가 많다. 그러나 〈이보다 더 좋을 순 없다〉에서 소설가 멜빈은 62번째 소설을 탈고할 정도로 소설가로서 왕성한 활동을 보인다. 소설을 쓸 때 주저함 없이 여성의 감정을 섬세하게 표현하며, 결정도 쉽게 내리는 편이다. 이것은 일반적인 강박 증세와는 맞지 않는다.

강박증 환자에게서 종종 발견되는 감정 상태 중 하나로 '섹스에 대한 혐오감'이 있다. 이것은 때론 '의처증'이라는 편집증의 형태로 나타나기도 한다. 영화 〈적과의 동침Sleeping with the Enemy〉에 등장하는 남편이 대표적인 예다. 이 영화는 매 맞는 아내 사라(줄리아 로버츠 분)가 의처증과 강박증에 사로잡힌 남편으로부터 필사적으로 도망치는 이야기인데, 남편 마틴은 수건 한 장이라도 비딱하게 놓인 날에는 날벼락이 떨어지는 심한 강박증 환자로 나온다.

〈로망스Romance〉에서도 남자 친구 폴은 마리에게 늘 사랑한다고 말하지만 섹스에 대한 강박증으로 인해 언제부터인가 섹스를 거부한다. 폴과의 진정한 인간적 교감을 갈구하던 마리는 결국 시내를 배회하다 술집에서 만난 파올로와 관계를 갖게 되면서 방황을 하게 된다. 〈이보다 더 좋을 순 없다〉에서도 멜빈은 동성애에 대해 심한 혐오감을 노골적으로 드러내며 심지어 사랑하는 여인 캐럴과의 키스에서도 어색함을 감추지 못한다.

"나쁜 일이 일어날 것만 같다"

그렇다면 강박증 환자들이 이렇게 강박적인 행동을 하는 이유는 무엇일까. 이 문제에 대해 다양한 주장들이 제기되고 있는데, 그중 몇 가지만 알아보자.

첫 번째 주장은 1950년대 미국의 심리학자 마우러Mowrer 박사가 제기한 이론으로 '2단계 학습 이론' 이다. '파블로프의 개 실험(개에게 먹이를 주면서 종을 치면 나중에는 종소리만 들어도 개가 침을 흘리게 된다는 실험)' 으로 잘 알려진 고전적인 조건반사형성 외에 '조작적 조건형성' 이라는 게 있다. 미국의 행동주의 심리학자 스키너는 비둘기를 가지고 흥미로운 실험을 했다. 우선은 상자 안에 비둘기를 가둔다. 그러면 어떤 비둘기는 부리를 치켜들고 천장을 쳐다보기도 하고 어떤 비둘기는 벽이나 바닥을 부리로 쪼기도 한다. 날갯짓을 하며 부산을 떠는 놈들도 있다. 이때 한 방향의 벽을 골라 그 벽을 부리로 쫄 때마다 모이를 주는 것이다. 아무것도 모르는 비둘기는 신나게 받아먹고 이리저리 움직이겠지만, 이러한 과정이 반복될수록 비둘기가 특정 벽을 쪼는 횟수는 점차 증가하게 된다. 이처럼 '모이' 라는 강화 자극이 특정 표적행동(한쪽의 정해진 벽을 쪼는 것)을 강화하는 것을 조작적 조건형성이라고 부른다.

마우러는 강박증 역시 고전적 조건형성에 의해 공포 반응이 획득되고 조작적 조건형성에 의해 공포 반응이 지속되는 과정이라고 주장했다. 예를 들면 역겨우리만치 더러운 공중화장실에 들어갔다가 충격적이고 혐오스러운 경험을 하게 됐다고 치자. 그 후로 당연히 공중화장실 사용을 꺼리게 되고, 점차 자극이 일반화되면서 모든 화장실을 꺼리게 되고 어쩔 수 없이 사용한 경우 과도한 손 씻기로 이어진다. 여기까지가 화장실이라는 자극에 대한 공포 반응이 형성되는 '고전적 조건형성' 이라고 한다면, '과도한 손 씻기가 더러움에 대한 불안감(혐오감)을 일시적으로나마 감소시켜주고 그로 인해 끔찍한 일을 당하지 않을 수 있었다' 는 경험이 강화 자극이 돼 이러한 행동을 지속시키고 강화시킨다는 것이다(조작적 조건형성). 이 이론을 2단계 학습 이론이라 부른다. 그러나 이 이론은 강박증의 발생 과정과 증상의 내용에 대해 포괄적 설명을 하지 못하고 있어 설득력이 부족하다는 비판을 받고 있다.

1980년대 들어 살코프스키스Paul Salkovskis와 래크먼S. Rachman은 인지행동적인 관점에서 강박증을 이해하려는 노력을 독립적으로 시도했다. 그들의 주장에 따르면 문득 불길한 생각이 드는 것은 누구에게나 일어나는 일인데, 강박증 환자들은 그것을 잘못 해석하고 평가하는 바람에 과도한 책임감을 느끼게 된다고 지적했다. 수십 번씩 반복적으로 확인하는 강박증 환자에게 "무엇이 두려워서 그렇게 확인하는 거죠?"라고 물어보면 "확인을 안 하면 실제로 나쁜 일이 일어날 것 같다"라고 말한다. '무언가를 하지 않으면 나쁜 일이 일어날 것 같고, 그것을 예방하지 못하면 다 내 책임인 것 같다' 는 강박장애 환자들의 '책임감에 대한 역기능적인 신념' 이 강박증의 주된 요인이라는 것이다.

강박증 환자들은 그런 반복적인 행동을 하지 않으려고 노력하면 할수록 더욱 불안해지는 노이로제 증세를 동반한다. 이처럼 특정한 생각을 하지 않으려고 의식적으로 노력하는 것을 '사고 억제' 라고 하는데, 어떤 생각을 억제하려고 노력할수록 오히려 더욱 집착하게 만드는 역효과를 만들어내게 된다는 연구 보고가 있다.

1987년 웨그너Daniel Wegner와 그의 동료들은 사고 억제에 관한 연구들의 효시가 된 실험을 했다. 실험자는 한 그룹의 피험자들에게 '흰곰에 관한 생각을 하지 말라' 고 지시한 후 흰곰 생각이 날 때마다 벨을 울리라고 요구했다. 다른 그룹에게는 흰곰에 관한 생각을 하라고 요구했다. 실험 결과, 흰곰 생각을 억제한 피험자들이 처음부터 흰곰 생각을 하도록 요구된 피험자들보다 오히려 흰곰 생각을 더 많이 했다고 한다. 특정 생각을 의도적으로 하지 않으려는 시도가 '역효과' 를 만들어낸 것이다.

최근의 여러 연구자들은 강박증이 생물학적 원인에 의해 발생하는 것이라고 여기고 있다. 도파민의 일종인 암페타민을 투여한 고양이에서 강박적으로 냄새를 맡는 행동이 관찰된다거나 도파민 촉진제를 투여한 쥐에게서 반복적인 행동이 나타난 연구 결과들이 이를 뒷받침하고 있다.

강박증 환자에게 필요한 것

강박증을 치료하는 길은 무엇일까. 〈이보다 더 좋을 순 없다〉에서 멜빈은 사이먼의 개 버델을 돌보기 시작하면서 자신의 마음속에 있는 따뜻한 면을 발견하게 된다. 또 더러움에 대한 공포와 혐오 역시 개와 생활하면서 극복하게 된다. 좀 더럽게 살아도 별 탈 없다는 것을 알게 된 것이다. 이처럼 과민한 반응을 조금씩 줄여나감으로써 강박적인 행동에서 점차 벗어날 수 있다. 멜빈은 일종의 동물 치료 효과를 보았다고 할 수 있다.

그러나 멜빈의 가장 중요한 치료자는 캐럴이다. 그녀는 멜빈의 감정을 존중하고 받아들일 뿐 아니라 멜빈 스스로가 캐럴을 사랑하고 있음을 깨닫게 해주고 스스로 이 문제를 해결하도록 기다려준다. 캐럴이 밤에 찾아와 당신과 함께 자지 않겠다고 선언하는 사건은 멜빈으로 하여금 밤새 뒤척이며 비로소 자신이 캐럴을 사랑하고 있었음을 깨닫게 만들었다. 그날 밤 멜빈은 처음으로 사이먼을 찾아가 대화를 시도한다.

한편 최근에는 생물학적 연구와 함께 약물치료가 새롭게 각광받고 있다. 강박증 환자가 클로미프라민Clomipramine이라는 항우울제를 복용했더니 증상이 완화됐다는 보고가 있기 때문이다. 클로미프라민은 두뇌에 세로토닌이라는 신경전달물질의 양이 감소하지 않도록 해주는 약이다. 세로토닌은 충동성, 공격성, 불안 등과 관련된 신경전달물질로서 많은 정신장애와 연관된 물질이다. 신경과학자들은 강박증 또한 세로토닌 결핍과 관련되지 않을까 예측하고 있다.

강박증까지는 아니더라도, 현대인들이라면 누구나 강박적인 행동을 한두 번씩 경험하게 된다. 크게 걱정하거나 신경 쓰지 않고도 별 탈 없이 살 수 있다면 다행이겠지만, 위험 요소가 항상 도사리고 있는 복잡한 현대 사회를 살아가는 우리들에게 어느 정도의 '강박적 행동'은 생존 습관일 수 있다. 강박적이지 않더라도 불안하거나 두렵지 않은 세상이 온다면 이보다 더 좋을 순 없을 텐데 말이다.

Cinema
7

육체와 잘못 짝지어진 성

소년은 울지 않는다
Boys Don't Cry

1993년 12월 30일 미 중서부 네브래스카 주에 위치한 작은 마을 폴스에서 티나 브랜던이라는 21살의 젊은 여성이 두 명의 사내에게 성폭행 당한 후 총에 맞아 죽은 사건이 발생했다. 티나는 죽기 전 수년 동안 남성으로 성전환 하기 위해 남성호르몬 치료를 받고 있었으며, 그 사이 그녀는 브랜던 티나라는 이름의 남자로 살아왔다. 그를 단순히 '예쁘장하게 생긴 남자 녀석'으로만 여겨오던 동네 친구인 존과 톰은 브랜던이 실제 여자라는 사실을 알게 된 후 광폭하게 돌변했다. 보수적인 마을에서 자란 그들은 성적 소수자에 대해 심한 사회적 편견을 가지고 있었던 것이다.

그들은 브랜던을 그의 여자 친구 앞에서 발가벗겨 모멸감을 주고, 변두리 농장으로 끌고 가 번갈아가며 강간했다. 경찰의 수사가 진행되자 존과 톰은 성전환자에 대한 혐오와 증거 인멸의 차원에서 브랜던을 총으로 쏴 죽였다. '티나 브랜던 사건'은 성전환자에 대한 사회적 편견이 얼마나 끔찍한 비극을 초래할 수 있는가를 드러낸 사건으로, 한동안 미국 전역을 떠들썩하게 했다.

그로부터 6년이 지난 후 이 사건은 킴벌리 피어스라는 신예 여성 감독에 의해 300만 달러의 저예산 독립영화로 만들어졌는데, 그것이 바로 영화 〈소년은 울지 않는다〉이다. 이 영화에서 힐러리 스왱크는 남장 여자인 브랜던 역을 완벽하게 소화해 아카데미 여우주연상을 받았다. 미국의 한 영화 평론가가 힐러리의 연기를 칭찬하면서 아카데미 '남우' 주연상감이라는 농담을 던질 정도였다.

스크린 속 성전환자들

얼마 전까지만 해도 성전환자는 할리우드의 보수적 전통으로 인해 영화 속에 자주 등장하지 못하거나 '여장 남자' 또는 '변태 성욕자'와 같은 부정적 이미지로 그려지곤 했다. '성전환자' 하면 떠오르는 대표적인 영화로 컬트적 분위기의 SF 영화 〈록키 호러 픽쳐쇼The Rocky Horror Picture Show〉가 있다. 그러나 실제로 이 영화에 등장하는 여장 남자인 프랭크 퍼터 박사는 성전환자가 아니라 남녀의 성기를 모두 지닌 양성인이다.

방금 결혼식을 마친 신혼 부부 브래드와 자넷은 그들의 스승을 찾아 나섰다가 폭풍우를 만나 외딴 성에 갇히게 된다. 그들은 그곳에서 트랜실배니아 은하계 소속 트랜섹슈얼 행성에서 온 과학자 프랭크 퍼터 박사를 만나 엽기적인 파티에 초대받는다. 프랭크는 신혼 부부인 자넷과 브래드의 잠자리에 번갈아 들며, 자넷에겐 브래드로, 브래드에겐 자넷으로 변장해 관계를 갖는 등 여장 남자에 대한 부정적인 이미지를 관객에게 드러낸다.

영화 〈크라잉 게임The Crying Game〉에서는 여성인 줄 알았던 흑인 가수가 남자라는 사실이 드러나자 주인공이 노골적으로 구역질하는 장면이 등장하기도 한다. 영국의 식민 정치에 저항하는 아일랜드의 정치단체 IRA의 요원 퍼거스는 포로로 잡혀 있던 영국인 흑인 병사의 애인을 찾아 나선다. 그는 클럽에서 '크라잉 게임'을 노래하는 미모의 흑인 여가수에게 매료되지만, 이 여인의 알몸을 보는 순간 구토를 일으킨다. 이 장면은 영화 개봉 당시 우리나라에서도 논란이 됐다. 특히 여장 남자 가수로 잘 알려진 '컬처 클럽'의 보이 조지가 영화의 주제곡을 불러 화제가 되기도 했다.

"나는 남자가 아니에요"

트랜스젠더는 오랫동안 비정상적 성적 소수자로 간주돼왔으며 정신의학에서는 최근까지 '성정체성 장애gender identity disorder' 라는 이름의 정신 질환을 가진 사람으로 여겨지고 있다. 성정체성 장애 환자들은 자신의 생물학적 성과 성 역할에 대해 지속적으로 불편함을 느끼고 다른 성에 대한 정체성을 강하게 가지고 있어서 반대의 성이 되기를 꾸준히 희망한다. 그래서 다른 성으로 외모를 치장하거나 호르몬 치료를 받기도 하며 성전환 수술을 받기 원한다.

성전환자는 〈크라잉 게임〉의 흑인 여가수처럼 여장 남자의 모습을 하고 있거나 〈소년은 울지 않는다〉의 브랜던처럼 남장 여자의 모습을 하고 있어서 종종 의상도착증transvestism 환자들과 혼동된다. 의상도착증 환자들이 이성의 옷을 입는 이유는 이성의 옷을 입음으로써 성적 흥분을 느끼기 때문이다. 그러나 〈소년은 울지 않는다〉의 브랜던이 남장을 하는 것은 성적 흥분을 느끼기 위해서가 아니라 자신이 남자라고 믿고 있기 때문이다.

대부분의 성전환증 환자는 자신의 육체가 가지는 생물학적 성이 영혼의 성과 잘못 짝지어졌다고 믿는다. 그들의 주장대로라면, 브랜던은 조물주가 실수로 여성의 육체에 남자의 영혼을 담아 지상에 내려보낸 것이다.

〈나의 장밋빛 인생Ma Vie En Rose〉에는 자신이 여자라고 믿는 소년 루도빅의 깜찍한 상상이 그려져 있다. 자신이 태어날 때 하나님이 집에 염색체를 던져준다. 그러나 하늘에서 떨어진 염색체 중, X염색체 하나가 미처 굴뚝을 통과하지 못해 자신이 XY염색체를 갖고 태어났다는 것이다.

루도빅은 자신이 조물주의 실수로 남자의 모습을 하고 태어났지만 본성은 여자라고 믿는다. 그래서 파티에 여장을 하고 나타나는가 하면, 같은 반 남자아이인 제롬을 좋아하고 그와 결혼식 놀이를 한다. 학예회 때

제롬과 키스하기 위해 백설공주 역을 맡은 여학생을 창고에 가둬놓고 자신이 대신 공주 역을 하다가 발각되는 장면은 관객들의 폭소를 자아낸다.

실제로 아동의 경우 성정체성 혼란을 겪는 환자는 〈나의 장밋빛 인생〉처럼 남자아이가 여자아이에 비해 약 5배 정도 많으며, 그 증상도 루도빅의 행동과 매우 유사하다. 이 영화는 성정체성의 혼란을 경험하고 있는 어린이의 심리 상태를 섬세하고 유쾌하게 그리고 있어, 성정체성 장애에 대한 편견을 없애는 데 좋은 교재가 된다. 특히 가정 내에서 남자 또는 여자로 길러지는 과정에서 혼란을 겪는 루도빅의 모습은 사회적으로 교육받은 남성성 또는 여성성에 강한 의문을 제기한다.

그들의 뇌가 말해주는 것들

그렇다면 과연 정신적으로 느끼는 성과 육체적으로 부여받은 성이 잘못 짝지어졌다는 트랜스젠더의 주장은 사실일까, 아니면 그저 정신착란에 불과한 것일까.

불과 30년 전까지만 해도 성정체성 혼란 장애는 심각한 정신 질환으로 여겨졌다. 원인을 명확히 규명하진 못했지만, 정신과 의사들은 그들이 이성의 부모에게 과도한 동일시를 할 경우 성정체성에 혼란을 갖게 된다고 믿었다. 특히 아이들에게 어머니의 영향력은 굉장히 크기 때문에 남자아이들이 자신을 어머니와 동일시해 여장을 하거나 자신을 여자로 착각하는 경향이 강하다고 여겼다. 실제로 유럽 국가의 통계자료에 따르면, 성전환수술을 받은 사람 중 성인 남성은 3만 명당 한 명이고 성인 여성은 10만 명당 한 명꼴로, 남자가 3배 이상 많다.

그러나 최근에는 성정체성 장애 환자들의 주장을 지지하는 의학적 연구 결과들이 계속 발표되고 있다. 〈임상내분비학 및 신진대사 저널〉에 발표되기도 했던 프랑크 크루버F. P. Kruijver 박사 팀의 연구도 그중 하나다. 네덜란드 뇌 연구소에서 일하는 그들은 남성과 여성, 동성애자, 성전환자의 사체를 부검한 뒤 두개골을 절개해 대뇌를 조사했다. 크루버 박사 팀은 그들의 뇌 중에서 감정을 담당하는 변연계를 염색한 다음, 성장억제호르몬 '소마토스타틴'을 분비하는 신경세포의 수를 셌다.

그 결과, 여성의 뇌보다 남성의 뇌에 약 71퍼센트 정도 신경세포 수가 많다는 사실을 발견했다. 그리고 자신이 여성이라고 주장하는 남자 성전환자의 신경세포 수는 남성보다는 여성 뇌의 신경세포 수와 비슷하다는 사실도 알아냈다. 다시 말해 자신을 여성이라고 주장하는 남자 성전환자들은 여성의 뇌를 가지고 있다는 것이다. 크루버 박사 팀은 이 같은 결과에 대해 '성호르몬에 의한 효과' 때문이라고 해석했다. 성호르몬인 테스토스테론이 부족한 경우 변연계의 신경세포 수가 줄어든다는 선행 연구 결과가 있었기 때문이다.

이 외에도 성전환자는 생물학적으로는 남자라도 여자의 뇌를 가지고 있으며 그 반대의 경우도 같은 양상이라는 보고가 성호르몬과 관계없는 뇌 영역에서도 발표되고 있다. 뇌 변연계의 한 부분인 BSTc(bed nucleus of the stria terminalis, 감정을 조절하는 아미그달라와 연결된 영역)는 성적 행동에 관여하는 영역이긴 하지만 성호르몬의 영향을 받지 않는 영역으로 알려져 있다. 1997년 〈국제 성전환증 저널〉에 발표된 스왑D. F. Swaab 교수 연구 팀의 논문에 따르면, BSTc 역시 보통의 경우 남성이 여성에 비해 더 크지만, 자신이 여성이라고 믿는 남성은 그 크기가 여성의 BSTc와 비슷하다고 한다. '신의 실수'로 인해 남자로 태어났다고 믿는 루도빅의 주장이 일리가 있다는 얘기다.

편견이 그들을 울게 한다

성정체성 혼란 장애를 겪고 있는 사람들이 정상적인 생활을 할 수 있도록 도와주는 방법에는 대표적으로 정신과적 치료, 호르몬 치료, 그리고 성전환 수술이 있다. 정신과적 치료란 자신의 생물학적 성을 받아들일 수 있도록 조언을 한다거나 역할 모델을 제시해주는 방법인데 그다지 치료율이 좋진 않다.

호르몬 치료는 호르몬을 통해 그들이 믿고 있는 성에 가까이 갈 수 있도록 도와주는 방법이다. 남자 환자에게는 여성호르몬인 에스트로겐을, 여자 환자에게는 남성호르몬인 테스토스테론을 투여한다. 호르몬 치료는 성기의 모양이나 임신과 월경 등 구조적인 문제를 해결해주진 못하지만, 외적인 효과가 뚜렷하고 단기적으로 현저한 효과를 볼 수 있어 성전환자들이 선호하는 치료법이다.

호르몬 투여만으로는 만족하지 못하는 경우, 성전환자들은 그들이 원하는 성기를 갖기 위해 성전환 수술을 받는다. 그러나 이 수술은 매우 신중해야 한다. 우선 반대의 성으로 적어도 3개월 이상 만족스럽게 지내본 경험이 있어야 한다. 실생활을 접하다 보면 오히려 불편함을 느끼는 경우

성적 소수자들을 상징하는 무지개 깃발

대다수 사람들과 다른 성향을 가졌다고 해서
'비정상' 이라고 할 수는 없다.

가 종종 있기 때문이다. 남성 환자는 70퍼센트, 여성 환자는 80퍼센트가 수술 후 만족을 보인다고 하니 좋은 치료법이라 할 수 있지만, 수술 후 약 2퍼센트 정도는 자살하는 것으로 보고되고 있어 신중을 기해야 한다.

성에 대한 도덕적 판단은 사회적, 시대적, 문화적인 측면이 강하며 절대적인 기준이 없다. 예전에는 비도덕적이라고 믿었던 자위행위나 오럴 섹스가 킨제이 보고서 이후 정상적인 성행위 범주 안으로 들어왔으며, 변태적 성행위로 간주되던 동성애 역시 1973년 미국정신의학회가 정신과적인 질병의 범주에서 제외시킴으로써 새로운 '성적 취향'의 일종으로 인정받았다.

성행위를 '대다수의 사람들이 사용하는 방법'을 기준 삼아 '정상과 비정상'으로 나눈다면 멀쩡한 사람을 환자로 만들 수 있다. 수적으로만 따지면, 70대 노인이 성행위를 하면 무조건 비정상이 돼버리는 불합리한 결과가 생기기 때문이다.

현대 의학은 동성애나 성전환자 같은 성적 소수자들이 비도덕적이거나 변태적인 성행위를 즐기는 것이 아니라, 인간의 성이 가지는 풍부한 특성 중 하나를 드러낸 것뿐이며, 그들이 결코 치료의 대상이 아니라는 사실을 뒷받침하는 증거를 계속 내놓고 있다. 최근 들어 트랜스젠더 연예인들의 등장으로 성전환자에 대한 편견이 많이 누그러들긴 했지만, 여전히 그들을 눈요깃거리로만 여기는 풍토는 사그라지지 않고 있다. 성전환자들의 인격을 강간하고 그들의 삶에 편견의 총부리를 겨누는 '티나 브랜던 사건'의 비극이 한국에서는 일어나지 않아야 할 것이다.

Cinema

8

정신병원, 두려움의 신화

뻐꾸기 둥지 위로 날아간 새

One Flew over the Cuckoo's Nest

1998년 경남 합천군에 위치한 합천 고려병원이 입원 환자들에게 상습적으로 폭행을 가하고 수년간 거액의 진료비를 부당하게 징수해온 사실이 밝혀져 충격을 안겨준 일이 있었다. 검찰에 따르면, 이 병원 보호사들은 환자가 다른 여 환자와 입을 맞췄다는 이유로 배를 마구 차고 짓밟아 장 파열로 숨지게 하고, 탈주를 모의했다는 이유로 환자들을 흉기로 마구 폭행했다고 한다. 또 마음에 들지 않는 환자는 의사의 허락 없이 마음대로 격리시키는 등 수십 차례 가혹 행위를 저질러왔다. 이러한 사실은 이 병원 정신병동 환자들이 집단 도주하는 사건이 발생하면서 세상에 알려지게 됐다.

그런가 하면 인도의 한 정신병원에서는 침대에 결박돼 있던 환자 25명이 화재에 대피하지 못해 사망한 사건이 있었다. 새벽에 불이 나자, 의사와 간호사들은 재빨리 건물 밖으로 피신했으나 미처 빠져나오지 못한 수용자들은 형체를 알아볼 수 없을 정도로 불에 탔다고 경찰은 전했다. '에르와디' 라는 이름의 이 마을은 정신병 치료에 영험한 것으로 알려진 성지 마을로 30여 개의 정신병원이 있는데, 잠을 잘 때는 수용자들이 달아나지 못하도록 몸을 묶어두기 때문에 이런 불행한 사고가 발생했다고 한다.

위에서 언급한 두 가지 사례는 '정신병원이라는 공간이 얼마나 폐쇄적인가' 를 단적으로 보여주는 사례다. 정신병원에 대한 일반인들의 이미지도 대개 '비정상적인 환자들이 모여 있다', '한번 들어가면 쉽게 나오기 힘들다', '환자들은 병원 당국에 의해 엄격한 규율로 통제된다', '환자들에 대한 반인권적인 가혹 행위가 저질러지기도 한다' 등으로 요약할 수 있다.

영화가 정신병원을 통해 말하고자 하는 것들

정신병원에 대한 부정적인 이미지에는 정신병원을 주된 무대로 다룬 영화들도 한몫을 했다. 정신병원을 무대로 한 영화의 고전으로 손

꼽히는 〈뻐꾸기 둥지 위로 날아간 새〉는 정신병 환자들에 대한 비인간적인 규율과 통제, 간호사들의 관료주의 등을 통해 당시 미국 사회를 비판하고 있다. 〈버디〉나 〈터미네이터 2Terminator 2〉, 〈처음 만나는 자유Girl, Interrupted〉 등의 영화에서도 정신병원은 폐쇄적이며 반인권적인 가혹 행위가 자행되는 공간으로 묘사돼 있다.

〈뻐꾸기 둥지 위로 날아간 새〉의 첫 장면은 병원의 평화롭고 일상적인 아침으로 시작된다. 클래식 음악이 조용히 흐르고, 간호사들은 환자들의 결박을 풀어준다. 약 먹을 시간이 된 것이다. 한 줄로 늘어선 환자의 입에 간호사들은 하얀 알약을 넣어주고 환자는 작은 컵에 담긴 물로 알약을 삼킨다. 이 장면은 마치 한 조각의 밀떡과 한 모금의 포도주를 받아 마시는 성당의 미사를 연상시킨다. 이 순간 환자들은 현대 정신의학이라는 신에 복종해야 하는 운명을 타고난 신자들이 된 것이다.

교도소에 수감 중인 맥머피가 이 병원에 입원하면서 평화로운 성당 분위기는 이내 어수선해지고 만다. 그는 교도소 안에서 여러 차례 폭행을 저지르자, 그것이 정신병을 위장해 수감 생활을 피해보려는 속셈인지를 검증받기 위해 정신병원에 입원하게 된다. 맥머피는 처음에 병원 분위기가 평화롭다고 느끼지만, 시간이 갈수록 환자들에게 가해지는 억압적인 질서를 목격하게 된다.

일례로 병원에서는 매일 환자들을 한자리에 모아놓고 각자의 문제에 대해 대화하고 서로에게 조언을 해주는 시간을 갖는다. 그런데 이런 자리가 환자를 중심으로 이뤄지는 것이 아니라 순전히 간호사 중심적이다. 간호사는 환자들을 '젠틀맨'이라고 부르면서 그들을 존중해주는 것처럼 행동하지만, 결국 그들과 대화할 의사가 없으며 자신의 방식으로 환자를 이끈다.

맥머피는 월드시리즈 TV 중계를 보고 싶다고 부탁하지만 간호사는 다수결로 결정해야 할 문제라면서 무기력한 환자들을 상대로 표결에 부친다. 맥머피는 결국 다음 날 벌어진 2차 투표에서 가까스로 찬성표를 반수 넘게 얻게 되지만, 시간 초과라는 이유로 월드시리즈 시청은 금지된다. 간호사는 환자들을 위해(?) 다시 클래식 음악을 틀어준다.

맥머피가 병원의 분위기를 해치자, 병원 당국은 그에게 약을 먹인다. 무슨 약이냐고 물어도 '그냥 약일 뿐' 이라며 어떤 약인지 말해주지도 않을뿐더러 맥머피의 돌출 행동이 심해지자 강제로 전기 충격을 가하는 전기치료를 수행한다. 맥머피는 점점 다른 환자들처럼 무기력하고 수동적인 인간으로 변한다.

이곳 병원의 환자들이 얼마나 수동적인 존재로 전락했는가는 그들이 대부분 자발적으로 병원에 들어온 존재라는 사실에서 드러난다. 그들은 병원 밖 세상에서 자유롭게 살기를 원하면 언제든지 나갈 수 있으면서도, 나가겠다는 말을 하지 못하고 병원 안에서 지낸다. 병원은 그동안 그들이 바깥 세상으로 나갈 수 있도록 치료했던 것이 아니라 병원 생활에 알맞은 '수용자' 로 적응시키고 있었던 것이다.

영화는 규율에 의해 지배되고 있는 '병원' 이라는 폐쇄 공간이 결국 우리가 살고 있는 사회와 크게 다르지 않다는 사실을 일깨워준다. 환자들은 그들을 위해 만들어졌다는 규율에 의해 통제되지만, 결국 그것은 환자들을 위해서가 아니라 규율 자체를 위해 시행되고 있음을 영화는 보여

정신병원은 정신 질환자를 격리시키기 위한 곳이 아닌
세상에 다시 돌려보내기 위한 곳이다.

준다. 우리 사회의 법과 제도가 때로는 그 본질을 망각한 채 제도 자체로만 존재하는 것처럼 말이다.

간호사의 행동은 관료주의에 젖은 공무원들의 모습을 연상시킨다. 우리는 그곳에서 현대 정신의학이 환자들을 감시하고 통제하는 지식 권력으로 작용하고 있음을 목격한다. 그리고 그것은 비정상인에 대한 정상인의 억압을 넘어 '우리의 자화상' 이라는 사실을 쉽게 알게 된다.

정말 환자들을 묶어놓을까

그렇다면 과연 영화 속에서 묘사된 정신병원의 모습은 모두 사실일까. 한마디로 요약하자면, 대개 사실인 경우가 많지만 다소 과장된 측면도 없지 않다. 우선 줄을 서서 약을 타 먹는 모습은 실제로 볼 수 있는 광경이다. 일반적으로 대학병원에서는 이제 환자들이 줄을 서서 약을 타는 모습을 볼 수 없다. 간호사들이 환자에게 직접 가서 약을 먹이기 때문이다. 그러나 아직도 대형 정신병원에서는 환자들이 줄을 서서 약을 타기도 한다.

그러나 약의 성분을 이야기해주지 않는다는 것은 사실과 다르다. 실제로 환자가 약의 효과를 물으면 자세히 알려주는데, 그것이 치료에도 도움이 되기 때문이다. 환자 스스로가 어떤 치료를 받고 있는가를 알고 있을 때 치료 효과가 더 증가하기 마련이다.

영화 속 정신병동의 창문은 모두 쇠창살이 쳐 있다. 예전엔 그랬지만 요즘은 대개 방탄유리를 사용한다. 살벌한 창살은 없어졌지만, 여전히 창문을 열 수는 없다. 뛰어내리려 하거나 탈출을 시도하는 사람들이 종종 있기 때문이다.

그렇다면 환자들은 하루 종일 뭘 하며 지낼까. 환자들에겐 자유 시간이 많은 편이다. 〈뻐꾸기 둥지 위로 날아간 새〉에서 보듯 환자들은 TV를 시청하기도 하고, 카드놀이를 하기도 한다. 그러나 영화에서와는 달리 환자들끼리 합의만 하면 마음대로 보고 싶은 프로를 볼 수도 있으며, 양호한 환자들은 10시까지 드라마를 보기도 한다. 영화에서처럼 아침, 점심, 저녁마다 시간을 정해 음악을 틀어주기도 하는데, 영화와 다른 점이 있다면 계속 클래식 음악을 틀어주는 것이 아니라 환자들이 원하는 음악을 틀어준다는 점이다. 그래서 대중가요를 자주 듣기도 한다.

환자들을 묶어놓기도 할까. 그렇다. 환자들 중에는 타인에게 공격적이거나 자해를 하는 성향의 환자들도 있다. 따라서 의사나 간호사, 다른 환자들을 보호하고 그들 자신을 보호하기 위해 때론 묶어두기도 한다.

영화에서 보면, 한 정신병동에 다양한 증세를 가진 환자들이 함께 수용되는데 이것도 사실이다. 마약 환자 등 특정 질환의 환자들만 따로 수용하는 전문 클리닉이 있기도 하지만, 대개 일반 대학병원의 경우 정신병동이 하나밖에 없고 크지 않기 때문에 다른 질병을 가진 사람들이 함께 생활한다.

〈뻐꾸기 둥지 위로 날아간 새〉에서 맥머피에게 가했던 '전기 충격'은 영화 속 허구일까. 그렇지 않다. 정신병적 우울증이나 정신분열증 등 많은 정신 질환자들의 경우 전기 충격을 가하면 환청이 사라지고, 자살하고 싶은 충동이 억제된다. 아직 그 메커니즘이 정확히 밝혀지진 않았지만, 정신병동에선 오래전부터 사용해온 방법이다. 그러나 영화에서처럼 환자가 고통스러워할 정도의 전기 충격을 가하는 것은 아니며, 기억을 지우는 효과도 있어 대부분 자신이 전기 충격을 받았다는 사실조차 기억하지 못한다. 신경과학자들은 전기치료의 메커니즘을 이해하기 위해 많은 연구를 수행하고 있다.

가두기 위해서가 아닌 세상으로 돌려보내기 위해서

영화에서 묘사된 정신병동의 가장 큰 오류는 의사와 환자와의 관계를 적대적으로만 묘사한다는 데 있다. 물론 간혹 의사나 간호사, 보호사 등이 지나치게 권위적이고, 때론 폭력을 사용하기도 하며, 안전사고에 무방비 상태로 환자를 방치하는 병원이 있는 것은 사실이며 이는 심각한 사회문제로 지적받아 마땅하다. 하지만 대다수의 병원에서 의사와 환자는 기본적으로 '환자의 치료'를 가장 중요한 목적으로 만나는 관계다. 따라서 환자들도 의사가 자신의 병을 치료하기 위해 존재한다는 것을 깨달으면서 협조적인 관계를 유지한다.

정신병원의 역사는 200년 남짓이다. 정신 질환을 하나의 의학적인 병으로 인식하기 시작한 지가 200년 정도 되었기 때문이다. 그 전까지는 정신 질환자는 사탄의 악령에 사로잡히거나 영혼이 달아난 사람으로 여겨져왔다. 정신병원이 지어진 초기만 해도 정신병원은 정신 질환자를 치료하는 곳이라기보다는 사회적으로 격리시키기 위한 수단으로 사용됐다. 정신 질환자를 사회적으로 위험한 존재, 또는 교정이 불가능한 존재로 규정하고, 정상인들과 분리시켜놓기 위해 정신병원에 감금했던 것이다.

그러다가 정신 질환이 '치료 가능한 병'이라는 사실을 알게 되면서 정신병원은 정신병을 치료하는 본격적인 병원으로 발전하게 된다. 우리나라에서는 8 · 15 해방 직후에 설립된 청량리 뇌병원(현재는 청량리정신병원이라고 개칭)이 최초의 단독 정신병원으로 기록된다.

정신의학이 발달하고 인권 존중 의식이 고조됨에 따라 정신병원 내에서 환자의 처우와 정신과적 의료에 많은 변화가 일어났다. 환자를 구금하던 폐쇄 병실을 자유롭게 오가는 개방 병실로 바꾸고, 환자들에게 레크리에이션 요법, 직업 요법, 연극 · 회화 요법 같이 다양한 치료 방법을 적용하는 등 사회 복귀를 위해 의사와 환자가 최대한 노력하고 있다. 일례로, 요즘엔 병동 내에 노래방 기계가 설치돼 있으며, 환자들이 서예나 영어 공부 등 다양한 취미 활동을 하기도 한다.

미셸 푸코는 그의 저서 《감시와 처벌》에서 "감옥이 없었다면 우리 사회가 바로 감옥이라는 사실을 금방 알았을 것이다"라고 말한 바 있다. 푸코의 가정법을 빌리자면, 정신병동을 무대로 한 영화들은 한목소리로 "정신병원이 없었다면 우리 사회가 바로 정신병원이라는 사실을 금방 알았을 것이다"라고 말하고 있다. 우리 사회를 하나의 거대한 정신병동으로 보고 있는 것이다. 할리우드 영화에 정신병 환자나 정신병원이 그토록 자주 등장하는 것도 그 때문이리라.

그러나 정상과 비정상이 크게 다르지 않고, 정신 질환자들의 고민과 방황이 결국 우리의 그것과 본질적으로 같다는 것을 생각해보면, 오히려 정신병동도 우리가 사는 사회의 작은 일부분일 뿐이라고 표현하는 것이 더 옳지 않을까 싶다.

Cinema
9

이유 없는 범죄, 폭력성은 타고나는 것인가

주유소 습격 사건

인간이 폭력을 휘두르는 데는 대개 이유가 있다. 사람들이 서로 싸우고 살인까지 저지르는 극단적인 상황 기저에는 억제할 수 없는 분노를 일으킬 만한 이유가 존재한다. 특히 테러나 전쟁 같은 대규모 유혈 폭력은 복잡한 정치적 이해관계와 문명사적 배경이 뒷면에 도사리고 있다.

그러나 인간의 폭력성이 소름 끼치는 대목은 살인이나 폭력, 강간 같은 잔혹한 범죄가 종종 뚜렷한 이유 없이 저질러지기도 한다는 점이다. 1999년 4월 20일 미국 콜로라도 주 덴버 시에 위치한 컬럼바인 고등학교에서 벌어진 총기 난사 사건이 그랬다. 교내 불량 집단인 '트렌치코트 마피아' 소속 3학년생인 에릭 해리스와 딜런 클레볼드는 도서관에 들어가 공부하고 있는 학생들을 향해 무차별적으로 총기를 난사했으며, 이로 인해 13명이 사망하고 20여 명이 중상을 입었다. 이 끔찍한 유혈 사태가 소수민족 학생들과 교내 운동선수들에 대한 반감이라는 사소한 이유 때문에 벌어진 대량 살상이었다는 사실은 전 세계인들을 경악게 했다.

심심하고 할 일이 없어서 털다?

이 같은 '이유 없는 반항'은 미국만의 문제가 아니다. 서울 보호관찰소가 우리나라에서 한 해 동안 발생한 청소년 범죄를 추적한 결과 25퍼센트가량이 집단 심리나 충동, 호기심 등 뚜렷한 이유 없이 우발적인 충동에 의해 비롯된 것이었다고 밝힌 적도 있다. 우연히 소매치기 현장을 목격하고는 '우리도 한번 해보자'는 충동에서 소매치기를 하다가 경찰에 입건된 여고생들이 있는가 하면, 부모에게 야단맞은 중학생이 화풀이로 지나가는 여학생을 살해한 사건도 있었다.

'이유 없는 범죄'가 사회 병리 현상으로 떠오르면서 영화에도 종종 이런 유형의 범죄가 등장했다. '잘 짜여진 스토리'가 생명인 영화는 본질적으로 모든 사건에 원인을 만들어야 하고, 없는 동기도 짜내야 하는데 말이다. 그 대표적인 예로는 1990년대 공포영화의 걸작으로 평가받고 있는 〈스크림Scream〉이 있다. 두 명의 고등학생이 치밀한 계획 아래 같은 학교 학생들과 심지어 교장 선생님까지 잔인하게 죽이지만, 그들이 이런 엽기적인 살인 행각을 벌이는 이유는 단 한 가지. 그냥 '재미있어서'다. 감독은 굳이 그들에게 살인의 동기를 부여하지 않는다. 모든 살인과 폭력에 뚜렷한 이유가 있는 건 아니라는 얘기다. 덕분에 이 영화의 국내 개봉 시기가 3년이나 늦춰졌다.

우리 영화 〈주유소 습격 사건〉에 등장하는 대책 없는 4인조 역시 이유 없는 폭력을 휘두른다. 야구 선수 지망생 노마크, 단순 무식이 신조인 무대포, 좌절한 록 가수 딴따라, 그림 그리는 사이코 페인트. 이들 넷은 어느 날 편의점에서 라면을 먹다가 주유소를 습격한다. 동기는 간단하다. 심심하고 할 일도 없고 해서 그냥 턴 것이다.

이유 없는 범죄, 사회학자들을 패닉에 빠트리다

왜 어떤 이들은 아무런 이유도 없이 사람을 죽이고 기물을 파손하고 절도 행각을 일삼는 것일까. 이러한 일탈 행위는 사회적인 맥락에서 해석될 수도 있고, 우리가 보기엔 사소하지만 나름대로 심각한 이유가 있어서일 수도 있다. 그러나 그것이 살인과 같은 잔혹한 범죄를 저지를 만한 것은 아니라는 데 누구나 동의할 것이다.

사회적 폭력은 피해를 입은 가족들은 물론 가해자와 그 가족들까지도 고통 속으로 옥죈다. 미국의 경우 1퍼센트의 폭력을 줄이면 연간 1조 원의 경제적 손실을 막을 수 있다는 평가도 나온 바 있다.

사회학자들은 오랫동안 인간이 가진 폭력성의 근원을 연구하고 범죄를 뿌리 뽑기 위한 노력을 이어왔다. 그들은 여러 환경 요인들이 복잡한 상호작용을 통해 인간의 폭력적 행동에 영향을 미친다는 사실을 알아냈다. 약물 복용에서부터 가정 불화, 반사회적 친구들과 만남, 아동 학대, 부모와의 격리, 부모의 지나친 감시, 술, 폭력적 행동의 목격 등의 사회적 요인이 폭력을 일으킬 수 있다는 것도 밝혀냈다.

미국의 사회학자들은 이러한 위험 요인들을 바탕으로 '잠재적 폭력 청소년'을 골라내 그들이 범죄를 저지르지 않도록 사전 교육 프로그램에 참여하도록 유도해왔다. 그러나 그 효과는 뚜렷하지 않았으며 폭력은 크게 줄어들지 않았다. 미 법무성의 통계 자료에 따르면, 30년간 절도나 소매치기 같은 '물건을 훔치는 범죄'가 약 30퍼센트 가까이 줄어드는 동안 강간이나 살인 같은 폭력 범죄는 거의 줄어들지 않았다고 한다. 1955년 〈이유 없는 반항Rebel without a Cause〉에서 제임스 딘이 보여주었던 청소년들의 방황이 오늘날 사라지기는커녕 〈스크림〉의 주인공들처럼 경박하고 잔인한 형태로 바뀌기만 했다는 것이다.

뇌에 담긴 폭력에 대한 불편한 진실

사회학적 연구만으로 범죄를 통제하는 일이 실효를 거두지 못하자 과학자들이 이 문제에 관심을 갖기 시작했다. 과학자들은 특히 사회학자들의 연구 결과 중 하나에 상당한 흥미를 느꼈는데, '대다수의 범죄가 소수의 사람들에 의해서 저질러진다'는 사실이었다.

일례로, 한 사회학자는 1945년에 필라델피아에서 태어난 남자 1만 명의 행적을 27년간 추적했는데, 그 결과 이들에게서 나타난 살인 사건의 71퍼센트, 강간의 73퍼센트, 폭행 사건의 69퍼센트가 단지 6퍼센트의 사람들에 의해 저질러졌다는 사실을 알게 됐다. 도대체 6퍼센트의 사람은 나머지 94퍼센트의 사람들과 무엇이 다른 것일까. 뚜렷한 이유 없이 폭력을 일삼는 사람들이 있다면 혹시 그들은 생물학적으로 폭력적인 성향을 타고난 것은 아닐까.

과학자들은 폭력 전과가 있는 사람들이 그렇지 않은 사람들과 비교해 생물학적으로 어떤 차이가 있는지 연구했고, 다양한 접근 방식으로 분석한 결과 상당히 일관된 결론들을 얻어냈다. 아직도 진행되고 있는 연구 내용이긴 하지만 그들이 지금까지 밝혀낸 몇 가지 사실들은 다음과 같다.

우선 폭력적인 남자들의 경우 평균적으로 테스토스테론이라는 성호르몬이 과다 분비된다는 사실을 알아냈다. 테스토스테론은 근육을 만들고 힘을 키우는 데 중요한 역할을 하는 성호르몬이다. 조지아 주립대 제임스 댑스James M. Dabbs 박사는 감옥에 수감된 죄수들의 혈액을 조사해보니 같은 죄수들이라도 강력범일수록 체내 테스토스테론 수치가 더 높다는 사실을 알아냈다. 댑스 박사의 연구 결과는 많은 사회적 요인들과도 연관된 결과라서 테스토스테론이 폭력을 유발한다고 단적인 결론을 내릴 수는 없지만, 테스토스테론과 폭력과의 상관관계에 대한 간접적인 증거가 된다.

최근 과학계에서 가장 널리 인정받고 있는 내용은 폭력적인 사람일수록 세로토닌 호르몬 수치가 낮다는 사실이다. 세로토닌은 우리의 마음을

살인 사건의 71퍼센트를
단 6퍼센트의 사람들이 저질렀다.
이들은 나머지 94퍼센트의
사람들과 무엇이 다른가.

편안하게 해주고 진정시켜주는 역할을 하는 호르몬으로 알려져 있다. 세로토닌의 수치가 낮은 사람들은 사소한 일에 평정심을 잃고 폭력적인 행동을 보이는 성향이 높다는 것이다. 최근 과학자들은 세로토닌 분비를 관장하는 유전자를 찾고 있다. 이 유전자에 이상이 생길 경우 태어날 때부터 폭력적인 성향을 타고날 수 있기 때문이다.

'폭력' 하면 또 하나 빼놓을 수 없는 호르몬이 바로 아드레날린이다. 종종 짜릿한 흥분을 안겨주는 추격신, 격투신 등이 가미된 영화를 '아드레날린의 향연' 이라고 표현한다. 〈아드레날린 드라이브〉나 〈아드레날린〉이란 제목의 액션 영화까지 있다. 아드레날린은 폭력과 어떤 관계일까.

아드레날린은 원래 '부신에서 나오는 호르몬' 이란 뜻에서 지어진 이름이지만, 나중에 뇌에서 발견되는 신경전달물질의 하나인 것으로 밝혀져 요즘에는 주로 '에피네프린' 이라 불린다. 아드레날린(에피네프린)은 사람이 흥분할 때 근육을 긴장하게 만들고 심장박동을 증가시키며 근육이 활동할 수 있도록 포도당을 제공해주는 역할을 한다. 번지점프를 하거나 공포영화를 볼 때 손에 땀을 쥐게 되는 것도 바로 아드레날린 때문이다.

일본 영화 〈아드레날린 드라이브〉는 우연히 야쿠자의 돈뭉치를 손에 쥐게 된 평범한 젊은 남녀의 쫓고 쫓기는 추격전을 다루고 있다. 속도 무제한의 육탄과 질주, 좌충우돌 반전과 역전이 거듭되는 줄거리를 표현하는 데 '아드레날린 드라이브' 보다 더 좋은 제목이 또 있으랴!

폭력적인 사람들의 뇌는 온순한 사람의 뇌와 어떻게 다를까. fMRI를 이용해 뇌 활동을 촬영해보니, 폭력적인 사람일수록 전두엽의 활동량이 낮은 경향이 있었다. 전두엽은 이마 뒤에 위치한 뇌 영역으로서 추론과 고등 사고 같은 지적 활동에 관여하는 영역이다.

한 연구에 따르면, 살인자 22명의 평소 뇌 활동을 조사해본 결과 같은 나이 또래의 사람들보다 전두엽의 활동량이 현격히 낮았다고 한다. 사람을 윤리적으로 제어하고 사리 판단을 하는 영역의 활동성이 낮아져 제어 능력을 잃고 살인을 저지르게 된 것 같다고 연구자들은 해석했다.

폭력에 대한 과학자들의 연구는 인간의 폭력적인 성향을 이해하고 범죄를 줄이는 데 다소나마 도움이 되리라는 전망이지만, 이런 연구가 야기하는 사회적 문제 또한 만만치 않다. 인간의 폭력 성향이 생물학적인 원인에 의해 야기될 수 있다는 주장은 자칫 '우생학'의 망령을 되살릴 수 있다.

극단적인 과학자들은 폭력과 범죄를 일종의 질병이라고 여기며, 범죄자들을 유전적으로 열등한 존재로 생각한다.

실제로, 범죄율이 치솟았던 1960년대 말 미국에서 XYY염색체를 가진 사람들이 더 폭력적이며 범죄자가 될 가능성이 높다는 연구 결과가 발표되기도 했다. 그러자 너도나도 할 것 없이 갓 태어난 아이들의 유전자를 검사해 XYY염색체를 가진 아이들을 색출하려는 시도가 미 동부를 중심으로 일어났다. 나중에 XYY염색체를 가진 사람들이 지능이 다소 떨어지는 경향은 있으나 비정상적인 폭력 성향을 보이는 것은 아니라는 사실이 밝혀졌지만, 아직도 많은 사람들은 XYY염색체를 가진 사람들이 더 폭력적이라는 선입견을 가지고 있다.

만약 폭력과 범죄가 생물학적으로 타고난 성향의 영향을 받는다면, 과연 우리는 범죄자들에게 법적 처벌을 가할 수 있을까. 만약 그것이 사실이라면, 그들은 처벌의 대상이 아니라 치료의 대상이어야 하지 않을까. 우리는 어떻게 그들에게 자신이 저지른 범죄에 대해 법적 책임을 부여할 수 있을까.

또 만약 당신의 아이가 폭력 성향을 일으키는 생물학적 요인을 타고났다면, 당신은 아이가 범죄를 저지르지 않도록 미리 범죄 예방 프로그램에 참여시키고 충실히 따르도록 할 것인가. 아니면 아직 저지르지도 않은 범죄의 대가를 치르며 '잠재적 범죄자'로 낙인찍는 예방 프로그램으로부터 자유롭게 키울 것인가. 과학자들은 인간의 폭력성에 대해 좀 더 깊은 이해를 우리에게 안겨줄 것이지만, 앞으로 더 복잡한 사회적 문제를 떠안겨줄지 모른다.

| 동시상영 |

살인의 추억
행동과 표정이 말보다 더 많은 말을 한다

우리나라 과학수사의 현주소는 '현장 초동 수사' 와 '취조실에서의 조사 과정' 에서 확인할 수 있다. 지금은 많이 나아졌지만 1980년대만 해도 사건 현장은 제대로 보존되지 못했으며, 객관적인 증거가 확보되지 않은 상황에서 범인의 자백에만 의존해 사건을 해결해야만 했다. 그러다 보니 취조실은 폭력과 고문, 욕설이 난무하는 비인간적인 공간일 수밖에 없었다.

영화 〈살인의 추억〉은 1980년대를 떠들썩하게 했던 화성 연쇄살인 사건을 다루고 있는데, 형사들의 용의자 신문 과정이 사실적으로 묘사돼 당시 형사들의 수사 과정을 짐작하는 데 도움을 준다.

영화에는 상반된 캐릭터의 두 형사가 나온다. 박두만 형사(송강호)는 주먹과 직관으로 사건을 해결하려는 막무가내형이고, 서태윤 형사(김상경) 는 '서류는 거짓말을 안 한다' 는 신념으로 객관적인 증거를 찾기 위해 노력하는 엘리트형이다.

사건이 터지자 박 형사는 피해자 주변의 남성들을 닥치는 대로 연행해 범행 사실을 신문한다. 처음엔 어르고 달래다가, 나중엔 윽박지르고, 그것도 안 통하면 때리고 고문까지 해서 기어이 거짓 자백이라도 받아내고야 만다.

그러나 21세기형 형사들은 용의자의 행동 패턴을 잘 분석하면 용의자가 하는 말이 사실인지 아닌지를 가려낼 수 있다고 믿는다.

행동심리학자들의 연구에 따르면, 인간의 의사소통에서 말이 차지하는 비중은 놀랍게도 겨우 19퍼센트에 지나지 않으며, 몸짓이나 다른 비언어적인 행동이 차지하는 비율이 80퍼센트가 넘는다. 말하는 사람의 몸짓이나 행동이 들려주는 메시지가 우리가 생각하는 것보다 훨씬 더 많다는 것이다.

박 형사가 용의자를 조사하면서 자주 하는 말이 있다. "내 눈을 똑바로 보고 말해봐." 보통 사람들은 진실을 말할 때 눈을 맞추고, 거짓말을 할 때면 다른 곳을 본다. 범인들 역시 거짓말을 할 때는 형사를 보지 않고 일부러 눈을 비비거나 눈꺼풀을 긁는다고 한다. 박두만 형사는 수사심리학과는 담을 쌓았지만, 이 방법만은 수사심리학의 기본이다.

영화 후반부에 등장하는 공장노동자 박현규(박해일)는 영화에서 가장 중요한 용의자로 떠오른다. 그러나 심증만 있을 뿐 물증이 없다. 실제로 화성 살인 사건에서도 유력한 용의자가 있었지만 비슷한 이유에서 무혐의로 풀려났다. 그런데 영화 속 용의자가 취조 과정에서 보인 행동은 거짓말을 하는 피의자의 모습과 닮은 데가 있다.

우선 그는 석고상처럼 굳은 얼굴로 형사의 질문에 답을 하는데, 그것은 형사가 자신의 표정을 읽지 못하게 하기 위해 범인이 자주 취하는 표정이다. 또 중요한 질문에 대해서는 눈 깜박거림이 급격하게 증가하면서 '모른다' 라고만 답하는데, 눈을 갑자기 빠르게 깜박거리는 행동은 심한 스트레스를 받고 있다는 전형적인 증거다. '모른다' 혹은 '잘 기억이 나지 않는다' 는 핑계는 괜히 거짓말로 둘러댔다가 탄로 나면 난처하기 때문에 범인들이 자주 사용하는 방법이다.

용의주도한 범인은 거짓말의 특징을 잘 숨긴다. 미국에서는 용의자 행동분석의 정확도를 최대한 높이기 위해 '리드 테크닉Reid technique' 이나 '키네식 테크닉Kinesic technique' 같은 수사 기법을 활용한다. 질문의 표현에서부터 질문 자세, 용의자의 행동 패턴을 관찰하는 방법에 이르기까지 상세하게 규정된 신문 방법을 통해 용의자의 거짓말을 판단하는 정확도를 높이기 위해서다. 21세기형 형사들은 이제 심리학도 공부해야 하는 것이다.

Cinema
10

범죄가 사라진 도시

마이너리티 리포트
Minority Report

세상이 좀 더 복잡해질수록 범죄는 늘어나기 마련이다. 점점 늘어날 피해자들을 생각하면 빨리 대책을 마련해야 하지만 범죄자들을 무조건 감옥으로 잡아들이는 방법이 능사는 아니다. 감옥이 '반성과 교화의 공간'이 아니라 피해자의 복수심을 충족시키기 위한 '체벌과 고통의 공간'으로 머물러 있거나, 오히려 범죄 기술을 새로 배우는 '잠재적 범죄자 양성소'로 전락한 경우도 없지 않기 때문이다. 게다가 설령 범죄자가 감옥에서 충분히 반성의 시간을 가졌다고 해도, 출소 후 겪을 사회적 냉담과 전과자라는 낙인 효과는 그들을 다시 범죄의 길로 들어서게 만들 가능성이 높다. 다시 말해 사후약방문이 아닌 '범죄 예방'을 위해 좀 더 근본적인 대책 마련이 시급한 실정인 것이다.

이를 위해 최근 미국을 중심으로 여러 나라에서는 신경과학자들과 범죄심리학자들이 인간의 반사회적 행동과 폭력 성향에 대한 생물학적 원인을 규명하는 연구를 하도록 국가적 차원에서 연구비를 지원하고 있다. 또한 그 연구 결과를 바탕으로 청소년들을 위한 범죄 예방 프로그램을 운영할 계획도 갖고 있다. 약물 중독에 관한 연구나 가정불화가 청소년의 행동에 미치는 영향에 관한 연구도 이 프로젝트를 추진하고 있는 정부의 주요 관심사다.

살인 사건 제로의 도시를 상상하다

〈마이너리티 리포트〉는 이런 관점에서 봤을 때 매우 흥미로운 영화다. 영화에는 범죄 방지를 위한 획기적인 시스템이 등장하는데, 이른바 '범죄 예측 시스템'이 바로 그것이다. 2054년 워싱턴을 배경으로 하는 이 영화는 시 치안당국이 예지자 세 명의 뇌파를 화면으로 재생해 앞으로 일어날 살인 장면을 미리 볼 수 있는 시스템을 구축한다는 설정으로 시작된다. 예지자가 살인을 예언하면 '프리크라임Pre-crime'이라 불리는 특수경찰 팀이 사건 현장으로 달려가 살인이 일어나기 전에 '살인하려는 자'를 체포한다. 이로 인해 워싱턴에는 이 시스템이 개발된 이후 단 한 번의 살인 사건도 일어나지 않는다.

영화는 범죄 예측 시스템이 프리크라임 특수경찰 팀장인 존 앤더튼(톰 크루즈)을 다음 살인 사건의 범인으로 지목하면서 점점 더 복잡해진다. 자신도 모르는 사람을 죽일 것이라는 이 예언을 도무지 믿을 수 없었던 앤더튼은 경찰국에서 탈출하고 치안당국의 경찰들로부터 쫓기는 몸이 된다. 범죄 예측 시스템의 문제점을 추적하던 앤더튼은 이 시스템의 개발자에게 '마이너리티 리포트'가 존재한다는 사실을 듣는다. 예지자 세 명의 예언이 항상 일치하는 것은 아니며 두 명 이상 같은 예언을 하면 시스템은 살인자를 지목하는 메시지를 내보내왔다는 것. 하지만 세 명 중 한 명이 다른 의견(마이너리티 리포트)을 낸다는 것은 살인 사건이 벌어지지 않을 수도 있다는 것을 의미한다. 이제껏 범죄 예측 시스템의 수장으로 사람들을 잡아들이던 앤더튼은 그 진상을 파악하기 위해 나서고, 자신의 살인과 관련된 거대한 음모를 알게 된다.

'범죄 예측 시스템'이라는 이 영화의 설정은 필립 K. 딕Philip K. Dick의 동명 소설에 바탕을 두고 있다. 하지만 실제로 영화 줄거리와 소설 내용은 상당한 차이를 보인다. 영화는 범죄 예측 시스템을 둘러싼 암투에 무게를 두고 있는 반면, 소설은 범죄 예측 시스템이 갖는 모순과 아이러니에 더 중점을 두고 이야기를 전개한다.

소설 속에 등장하는 범죄 예측 시스템은 '예지력'으로 인해 다른 모든 기능이 퇴화된 세 예지자로 구성돼 있다. 뇌에 물이 찬 뇌수종 백치인 제리, 45살이지만 10살 정도의 몸을 가진 도나, 머리는 기형적으로 크지만 몸은 굉장히 왜소한 마이크 등 세 돌연변이 예지자의 예지 능력을 활용해 범죄 예측 시스템을 꾸민 것이다. 영화 속에선 '뉴로인' 이라는 마약에 중독된 부모에 의해 심한 뇌 손상을 입고 태어난 초능력 기형 인간들이 이들을 대신한다. 이렇듯 돌연변이나 약물 중독, 또는 신체적 기형을 통해 예지력을 얻게 된다는 설정은 과학적 근거가 빈약하다. 때문에 〈마이너리티 리포트〉에 등장하는 범죄 예측 시스템의 현실 가능성을 논의하기는 어렵다. 게다가 영화에선 세 명의 예언이 뇌파를 통해 스크린에 시각 영상으로 투영되는데, 뇌파 정보만으로 시각 영상을 구성하는 방법 자체가 불가능하다. 소설에선 예지자들이 말로 예언을 하고 해독 프로그램이 그것을 분석해 예지자의 말에서 예언 사실을 뽑아낸다. 좀 더 현실적인 설정이긴 하지만, 이것 역시 범죄 예측 시스템에 정확도를 보장해주진 않는다. 10명의 도둑을 놓치더라도 한 명의 무고한 시민이 억울하게 누명을 쓰는 일은 없어야 한다는 헌법 원칙에 충실하자면, 100퍼센트 정확도가 보장된 예측 시스템이 등장하지 않는 한 현실적으로 이런 시스템이 사용될 가능성은 거의 없다.

범죄 예측 시스템에 담긴 양자역학적 세계관

사실 범죄 예측 시스템의 문제는 좀 더 근본적인 곳에 있다. 정말로 범죄 예측이 가능한 것일까. 다시 말해 인간이 겪는 사건과 사고, 좀 더 넓게는 인간의 모든 행동이 과연 예측 가능한 것일까. 범죄 예측 시스템은 아직 살인을 저지르지 않은 사람을 살인죄로 체포하는 결과를 낳게 되는데, 이것이 과연 옳은 일일까.

영화에서 앤더튼은 자신이 범인으로 지목받기 전까지 범죄 예측 시스템을 신봉한다. 그는 범죄 예측 시스템의 허점을 찾으려는 연방정보국 감사관 대니 워트워(콜린 패럴)에게 공을 굴려 떨어뜨리고 감사관은 공이 떨어지기 전에 손으로 잡는다. 앤더튼은 공이 아직 땅에 떨어지지 않았는데 왜 손으로 공을 받았느냐고 묻는다. 땅에 떨어질 것이 확실하기 때문에? 앤더튼은 살인 사건도 마찬가지라고 주장한다. 그의 주장에 따르면, 살인 사건을 포함해 인간의 모든 행동은 중력의 법칙으로부터 자유로울 수 없는 공의 궤적처럼 정확히 예측 가능한 운동이다. 던지는 방향과 초기 속도가 주어지면 언제 어느 위치에서 어떤 속도로 공이 날아갈지 정확히 예측할 수 있다. 우리가 살고 있는 복잡한 사회도, 그리고 그 속에서 살고 있는 인간의 모든 행동도, 톱니바퀴처럼 정교하게 맞물려 돌아가는 '뉴턴식 결정계' 라는 기계론적 이데올로기 위에서 범죄 예측 시스템이 작동하고 있는 것이다.

필립 K. 딕의 원작에선 좀 더 흥미로운 이야기가 전개된다. 소설은 자신이 곧 살인을 저지를 것이라는 예언을 앤더튼이 미리 알게 된다면 그것이 미래에 어떤 영향을 미칠 것인가에 대해 묻는다. 이에 대해 소설 속의 세 예지자들은 모두 서로 다른 의견을 제시한다. 첫 예지자는 살인하게 될 것이라고 예언하지만, 다음 예지자는 앤더튼이 그 예언을 듣고 살인하지 않으려고 노력할 것이라고 예언한다. 마지막 예지자는 두 번째 예지자가 살인이 일어나지 않을 것이라고 예언한 사실조차 앤더튼이 알게 돼 결국 살인을 저지르고 말 것이라고 예언한다. 세 명 모두가 서로 다른 의견, 즉 마이너리티 리포트를 낸 것이다. 결국 앤더튼은 마지막 예지자의 예언대로 살인을 저지르고 만다.

영화와는 달리, 소설 속의 범죄 예측 시스템은 양자역학적인 세계관을 담고 있다. 미시 세계의 운동을 기술하는 패러다임인 양자역학에 따르면, 미시 세계에서는 어떤 사건이 일어날 것인가가 모두 확률적인 분포를 갖는다. 그리고 측정하기 전에는 아무도 어떤 사건이 일어났는지 알 수 없으며, 측정하는 순간 그중 하나의 사건으로 결정된다.

전자의 위치와 속도를 측정한다고 가정해보자. 전자가 어디 있는지 알기 위해선 전자에 빛을 쏴 얼마 만에 돌아오는지 측정해야 한다. 그러나 빛 입자인 광자에 충돌한 전자는 그로 인해 속도가 달라진다. 측정이라는 행위가 측정값에 영향을 미치는 것이다. 다시 말해 거시 세계와는 달리 양자역학적 세계에선 '측정'이라는 행위 자체가 일어날 사건에 영향을 미친다. 그런 점에서 소설 《마이너리티 리포트》의 설정은 예언이 미래 사건에 영향을 미친다는 점에서 양자역학과 닮은 데가 많다. 과연 살인을 저지를 것인가 말 것인가를 고민하는 소설 속의 앤더튼은 두 개의 슬릿 중 어디를 통과할 것인가를 고민하는 작은 전자와 비슷한 처지라고 할까.

결정론의 세상에서 살고 싶은가

영화 속 설정보다는 소설 속 이야기가 더 현실적이지 않을까 하는 생각이 들지만, 현대 사회에서 인간의 행동에 미치는 변수는 작은 상자 속에 갇힌 전자의 운동보다 훨씬 다양하고 복잡하기 때문에 그마저도 그다지 현실적이진 못하다.

영화 〈마이너리티 리포트〉에 나오는 범죄 예측 시스템이 미래 현실에서 등장할 가능성은 그리 높지 않다. 그럼에도 불구하고 이 영화에 등장하는 미래 설정은 우리에게 시사하는 바가 크다. 예언자들로 구성된 범죄 예측 시스템은 아니더라도 그것과 비슷한 징후를 느끼게 하는 여러 시도가 벌써부터 벌어지고 있기 때문이다.

이와 관련해 미국의 과학 전문지 〈사이언스〉에는 영국 킹스칼리지와 미국 위스콘신대의 공동연구 팀이 연구한 흥미로운 결과가 실린 적이 있다. 이들은 논문에서 '특정한 유전자를 가진 아이들은 학대를 받을 경우 반사회적 행동을 보일 가능성이 높다'고 주장했다. 연구진은 1972년 뉴질랜드 다니딘에서 출생한 소년 442명의 성장 과정을 26년간 관찰 · 분석해 이 같은 결론을 내렸다. 문제의 유전자는 모노아민 산화효소monoamine oxidase A, MAOA의 양을 조절하는 유전자인데, MAOA는 뇌 속에서 감정을 전달하는 화학물질을 만드는 데 관여하는 것으로 알려져 있다. MAOA의 수치가 낮을 경우 감정 조절이 제대로 이뤄지지 않아 반사회적 행위를 저지를 확률이 높다는 것이다. 그들의 조사에 따르면, 전체 대상 442명 중 12퍼센트가 '낮은 MAOA 수치'를 만들어내는 유전 형질을 갖고 있었으며, 이들이 저지른 폭력 행위는 전체 폭력의 44퍼센트를 차지했다고 밝혔다.

이뿐만이 아니다. 앞에서 언급했듯 폭력적인 남성들의 경우 테스토스테론이라는 성호르몬을 과다 분비한다는 논문이 등장하는가 하면, 폭력적인 사람일수록 세로토닌 호르몬 수치가 낮다는 연구 결과도 보고된 바 있다(9장 참조). 이런 연구들은 모두 폭행, 강간, 살인 등 강력 범죄의 70퍼센트가 단지 5~6퍼센트의 사람들에 의해 저질러졌다는 연구 결과에서 출발한다. 다시 말해 폭력을 저지르는 소수의 사람들은 생물학적으로 우리와는 다른 사람들일 것이라는 가정이다.

물론 인간의 폭력적인 성향에는 단순히 개인 의지의 문제가 아니라 생물학적인 원인이 포함돼 있을 수 있다. 그렇다면 폭력 성향의 정확한 본질을 이해하고 대처한다는 점에서 과학자들의 연구는 매우 중요하다고 볼 수 있다. 그러나 생물학적인 원인에 대한 지나친 맹신은 '유전자 결정론'에 바탕을 둔 또 다른 '범죄 예측 시스템'을 탄생시킬 가능성이 있다는 데 문제가 있다.

인간은 왜 범죄를 저지르는 걸까. 반사회적 행동의 원인과 폭력적 성향의 근원은 무엇인가. 우리에게 필요한 사람은 살인 사건을 예언하는 예지자들이 아니라 이 문제에 답해줄 과학자와 사회학자가 아닐까 싶다.

| 동시상영 |

마이너리티 리포트
배낭 로켓 타고 훨훨 난다고?

〈마이너리티 리포트〉의 볼거리 중 하나는 영화가 설정하고 있는 미래의 모습이다. 범죄를 예측할 수 있는 시스템이 개발되는가 하면, 자동 운행되는 자동차 도로, 직접 이름을 부르며 호객 행위를 하는 광고판 등 갖가지 첨단 제품이 등장한다.

그중 특별히 '로켓 엔진이 달린 배낭'이 호기심을 자극한다. 경찰들이 배낭형 로켓을 메고 톰 크루즈를 추격하는 장면은 이 영화의 압권이기도 한데 누구나 한 번쯤 이런 첨단 운송 수단을 상상해봤을 것이다.

그런데 실제로 오래전에 이런 배낭이 발명된 적이 있었다. 1953년 벨 항공시스템에서 엔지니어로 일하는 웬델 무어[Wendell F. Moore]는 어느 날 문득 '화학 로켓을 등에 메는 형태로 만들어 사람들이 타고 다니면 얼마나 좋을까'라는 생각에 배낭형 로켓을 발명했다고 한다.

배낭 로켓은 나오자마자 폭발적인 인기를 끌었다. 에어쇼에서 인기를 독차지하는가 하면, CF에도 등장했다. 1965년에는 〈007 썬더볼 작전[Thunderball]〉에서 제임스 본드의 화려한 무기로 나오기도 했다.

그러나 시민들의 운송 수단으로 대중화되기엔 여러 가지 문제점이 있었다. 우선 배낭 로켓은 상당히 위험하다. 로켓에 문제가 생겨 추락하면 본인이 치명적인 부상을 입는 것은 물론 밑에 있던 사람도 날벼락을 맞게 된다. 착륙할 때 다리를 다칠 위험도 상당히 크다. 또 배낭이 너무 크거나 무거우면 불편하기 때문에 로켓의 용량이 한정될 수밖에 없는데, 그러다 보니 하늘에 떠 있는 시간이 무척 짧다. 처음 나온 1953년형 배낭 로켓은 약 20초밖에 떠 있을 수 없었고, 그 후에 등장한 것들도 5분을 넘지 못했다. 운송 수단으로서는 영 형편없는 것이다.

그래서 생각해낸 아이디어가 '군사용으로의 전환' 이었다. 적진에 침투할 때 유용하지 않을까 생각해서 실제로 미 공군과 육군에서 다량 구매를 하겠다고 계약까지 할 뻔했다. 그런데 생각해보니 군사용으로도 별 쓸모가 없다는 것을 금방 깨달았다. 남의 눈에 잘 띄고, 속도도 느리고, 무엇보다 아무런 방어 장치가 없어서 밑에 있는 사람이 총을 쏘면 그냥 맞아서 죽을 수밖에 없는 것이다.

결국 적당한 용도를 못 찾은 배낭 로켓은 이제는 더 이상 생산하지 않는 운송 수단이 됐다. 특별한 행사가 있을 때만 전시용으로 가끔 사용하는 것이 고작이다. 기억하는 사람들도 있겠지만, 1984년 LA 올림픽 개막식 때 사람들이 배낭 로켓을 타고 올림픽 경기장 안으로 날아 들어오는 장면을 연출하기도 했다. 스필버그Steven Spielberg의 상상처럼 미래에 배낭형 로켓이 다시 화려하게 등장할지는 두고 볼 일이다.

Cinema
11

잃어버린 기억을 몸에 새기다

메멘토
Memento

'기억상실증'은 주변에서 흔히 볼 수 있는 질환이 아니라 주로 영화나 소설을 통해 극적으로 체험되는 질환이다. 나의 정체성이 내 머릿속에 남아 있는 기억과 나에 대한 타인들의 기억으로 규정될 수 있기에, 기억을 잃어버린다는 설정은 오랫동안 영화의 단골 소재로 사용돼왔다. 그러나 일상생활에서 기억상실증은 전혀 극적이지 않으며 굉장히 불편하고 고통스런 정신 질환의 하나다. 호주에서는 한 여성 권투 선수가 KO패를 당한 뒤 의식불명에 빠졌다 의식을 회복했지만, 체육관으로 다시 돌아가기를 고집하면서도 자신이 결혼했다는 사실조차 기억하지 못하는 안타까운 사건도 있었다.

머릿속에 무슨 일이 일어난 것일까

얼핏 보면 영화 속에 등장하는 기억상실증은 모두 비슷한 것 같지만 자세히 들여다보면 그 증세가 조금씩 다르다. 그리고 기억상실증의 형태에 따라 영화의 이야기 구조가 크게 달라진다.

가장 잘 알려진 기억상실증 유형은 충격적인 사건을 경험하거나 머리에 외상을 입은 후 충격 이전의 기억을 상실하는 '퇴행성(후진성) 기억상실증' 이다. 우리에게 가장 익숙한 기억상실증이 바로 이 경우가 아닐까 싶은데, 영화 〈롱키스 굿나잇The Long Kiss Goodnight〉에서 여주인공 서맨사 케인이 여기에 해당한다.

서맨사(지나 데이비스)는 여덟 살 난 딸 케이틀린과 애인 할과 함께 평범한 주부로 살고 있다. 그녀는 케이틀린을 임신했을 때 어떤 사건을 겪고 심한 기억상실증에 걸려 예전의 자신을 기억하지 못한다. 심지어 그 사건이 무엇이었는지조차 기억하지 못할 정도다. 느긋하게 당근을 썰던 서맨사는 문득 칼질에 속도를 붙이고 싶은 충동을 느끼고 자신이 탁월한 칼 솜씨를 갖고 있다는 것을 알게 된다. 그녀는 이를 통해 전직이 요리사였을 것이라 추측하지만, 사립 탐정 미치 헤네시(새뮤얼 L. 잭슨)가 우연히 그녀의 옛 소지품을 발견하면서 그것이 심각한 오해였음이 이내 드러난다. 알고 보니 그녀는 암살 전문 CIA 요원이었다. CIA는 예산을 늘리기 위해 트럭에 폭탄을 장치하고 아랍인의 행위로 꾸미려는 위장 테러를 계획했는데, 그 과정에 서맨사가 얽히게 돼 그녀를 제거하려 했던 것이다.

어떻게 서맨사는 사건 전 자신의 존재에 대한 기억을 잃어버리게 됐을까. 뇌는 신경세포들이 시냅스로 연결된 네트워크를 형성한다. 기억은 뇌의 여러 영역에서 신경세포들 사이의 시냅스 연결 강도를 높여주는 방식으로 저장된다. 만약 연결 강도가 높아진 신경세포들이 죽게 되면 기억이 손상된다. 서맨사는 기억이 저장돼 있는 뇌 영역에 큰 손상을 입어 기억상실증에 걸린 것이다.

때론 기억된 내용 자체는 손상되지 않았다 하더라도 그 기억을 끄집어내는 기능을 상실할 때도 기억상실증에 걸리기도 한다. 이 경우, 기억상실증 환자는 예전에 썼던 물건이나 옛 친구들과의 만남을 통해 상실한 기억을 조금씩 되찾을 수 있다. 예전에 쓰던 물건이 옛 기억을 끄집어낼 수 있는 '인출 단서'의 역할을 할 수 있다는 얘기다. 영화에서 서맨사가 섬광처럼 짧은 순간 동안 예전에 있었던 일들을 문득문득 기억해내는 것도 상실했던 인출 능력을 조금씩 되찾아가는 과정이라 볼 수 있다. 서맨사의 증상만으론 둘 중 어떤 경우에 해당하는지는 판단할 수 없지만 둘 다 모두 관련이 있을 수 있다.

그렇다면 서맨사는 어떻게 칼을 다루는 솜씨는 잃어버리지 않고 간직할 수 있었을까. 기억에는 몇 가지 종류가 있다. 첫 번째는 오늘 아침 식사 때 무엇을 먹었는지, 지난주 친구와 무슨 대화를 나눴는지를 기억하는 일처럼 '시간과 연관된 기억' 이다. 대부분의 사람들은 자신의 과거사에 관해 방대한 기억을 갖고 있고, 그런 과거 경험이 언제 어떤 순서로 일어났는지도 대개 기억한다.

다음으로는 '지식 기억' 이다. 우리는 단어의 의미를 기억하고 구구단을 외우고는 있지만 언제 그것을 배웠는지는 기억하지 못한다. 이런 일반 지식이나 어휘에 관한 지식은 시간과 연관된 기억과는 다르다.

마지막으로 '운동기술 기억' 은 위에서 설명한 두 유형과 크게 다른 형태의 기억이다. 자전거를 타는 법이나 투수가 공을 던지는 방법을 익히는 것은 부단한 연습이 필요하며, 어떻게 하는지 머릿속으로 생각하는 것만으로 충분하지 않고 그 운동을 잘할 때까지 연습을 해야만 한다. 이 유형의 기억은 말로 서술할 수 없는 기억이라 해 '비서술형 기억' 이라고도 부른다.

기억은 유형에 따라 저장 방식도 달라서 시간과 연관된 기억이나 지식 기억은 특정 영역에 저장돼 있기도 하지만, 운동기술 기억은 좀 더 교묘한 형태로 저장돼 있어 한번 익히면 쉽게 사라지지 않는다. 서맨사는 시간과 연관된 기억은 잃어버렸지만 아직 운동기술 기억은 남아있는 경우다. 많은 퇴행성 기억상실증 환자들이 서맨사와 비슷한 증상을 보인다.

단기기억상실증, 전두엽은 답을 알고 있다

사고 시점 이전의 기억을 상실하는 퇴행성 기억상실과는 달리, 충격이나 외상 이후 새로운 기억을 갖지 못하는 '전진성 기억상실증' 도 있다. 새로 기억된 내용을 오래 간직할 수 없다는 의미에서 단기기억상실증이라고 부르기도 한다.

전진성 기억상실증 환자가 등장하는 가장 극적인 영화로는 평론가와 관객들 모두에게 격찬을 받은 바 있는 〈메멘토〉가 있다. 전직 보험 수사관이었던 레너드(가이 피어스)에게 새로운 기억이란 없다. 자신의 아내가 강간당하고 살해되던 날의 충격으로 기억을 10분 이상 지속시키지 못하는 단기기억상실증 환자가 된 것이다. 때문에 그가 마지막으로 기억하고 있는 것은 자신의 이름이 레너드 셸비라는 것과 아내가 강간당하고 살해당했다는 것, 그리고 범인은 존 G라는 것이 전부이다.

중요한 단서까지도 쉽게 잊고 마는 레너드는 자신의 가정을 파탄 낸 범인을 찾기 위한 방법으로 메모와 문신을 사용한다. 묵고 있는 호텔, 방문했던 모든 장소, 만나는 사람과 그에 대한 정보를 폴라로이드 사진으로 남기고, 항상 메모를 해두며, 심지어 자신의 몸에 문신을 하며 기억을 더듬는다.

영화는 새로운 정보를 오랫동안 기억하지 못해 메모나 문신, 폴라로이드 사진을 이용해 기록을 남기지만 결국 그것마저도 변형 가능한 기록이라는 사실을 보여줌으로써 기억에 대한 도전적인 질문을 던진다. 도대체 내 기억은 실제로 일어난 사실과 얼마나 가까운 것일까.

어떻게 이런 환자가 생길 수 있을까. 신경과학자들은 인간의 기억 메커니즘을 연구하는 과정에서 단기기억과 장기기억이 존재한다는 사실을 알아냈다. 단기기억은 특정 경험을 한 후 뇌의 전기 활동에 따라 수 분, 또는 수 시간 정도 지속되는 기억을 말한다. 반면 장기기억은 좀 더

영구적으로 남아 있는 기억 형태를 말한다.

전화번호부에서 원하는 전화번호를 찾아낸 후 다이얼을 돌리는 동안 기억하고 있는 것을 단기기억이라고 한다면, 여러 번 반복해서 전화를 함으로써 전화번호를 외우게 돼 전화번호부를 뒤지지 않고 전화를 걸 수 있다면 그것은 장기기억으로 넘어갔다고 볼 수 있다. 인간의 단기기억 저장 한계는 약 일곱 개 정도로 알려져 있다. 전화번호가 일곱 자릿수인 것도 바로 이 때문이다. 최근 〈네이처〉에 실린 논문에 따르면, 원숭이의 단기기억 저장 한계는 다섯 개라고 한다. 우리는 주변에서 벌어지는 사건이나 지각 등을 통해 끊임없이 단기기억을 하지만, 장기기억으로 넘어가는 내용은 반복적으로 경험하거나 인상적인 사건들이다.

단기기억은 이마 뒤에 위치한 전전두엽prefrontal lobe이라는 뇌 영역에서 일어난다. 단기기억으로 얻은 정보를 장기기억으로 저장하는 역할은 측두엽에 위치한 해마에서 담당한다. 해마는 뇌의 가장 오래된 부분 중 하나인 변연계의 일부분이다. 만약 해마가 손상된다면 〈메멘토〉의 레너드처럼 옛날 기억은 갖고 있지만 새로 얻은 기억은 오랫동안 간직할 수 없게 돼 단기기억상실증 환자가 되는 것이다.

〈메멘토〉의 주인공 레너드 셸비는 H.M.이라는 실존 환자의 증상을 모델로 하고 있다. 이 환자는 아마도 의학계에서 가장 많은 연구가 이뤄진 환자 중 한 명이 아닐까 싶다. 1953년 코네티컷 주 하트퍼드의 한 병원에 찾아온 이 환자의 당시 병명은 간질. 18세 이후 줄곧 앓아온 간질 발작이 고통스러워 병원을 찾았다. 약물 치료가 효과가 없었기 때문에 양쪽 측두엽의 전측 부위를 제거하는 신경외과 수술을 받으러 온 것이다.

기억을 잃어버린 뇌에서는
무슨 일이 벌어지고 있는 것일까.

수술은 성공적이어서 H.M.의 간질 발작은 이내 멎었지만 새로운 증상이 나타나기 시작했다. H.M.은 자신의 방을 찾아가지 못하고 자신을 방금 전까지 진료한 의사를 알아보지 못했다. 누구를 소개해줘도 수 분 이내에 이름이나 얼굴을 까먹었다.

30년 동안 정신과 의사들과 심리학자들은 그의 증상을 연구했고 덕분에 단기기억의 정체를 밝혀낼 수 있었다. '해마가 단기기억을 장기기억으로 넘기는 역할을 한다'는 놀라운 발견은 H.M.에게 빚진 바 크다. 신경외과 의사들은 간질 수술로 인해 H.M.의 단기기억을 관장하는 해마가 손상을 입어 더 이상 새로운 기억을 오래 간직하지 못하는 기억상실증에 걸리게 됐다는 사실을 뒤늦게 알아낸 것이다.

영화 〈한니발Hannibal〉에는 단기기억에 관한 과학적 오류가 등장한다. 〈한니발〉은 〈양들의 침묵The Silence of the Lambs〉 속편으로 정신과 의사이자 식인 습성을 가진 연쇄살인마 한니발 렉터가 FBI 요원 스털링과 맞서 두뇌 싸움을 벌이는 내용이다. 영화의 마지막 부분에는 한니발 렉터가 스털링의 FBI 동료를 의자에 묶은 다음 두개골을 깨서 뇌를 꺼내 먹는 잔인함을 보인다. 뇌를 요리해 FBI 요원 본인에게 먹이는 장면은 한니발의 잔인성을 유감 없이 드러내는 대목이다.

그러면서 친절하게(?) 설명한다. 뇌에는 신경이 없어서 이렇게 뜯어내도 고통을 느끼지 못한다고. 물론 여기까지는 맞는 말이다. 그러면서 뇌의 앞쪽 부분을 잘라내며 말한다. 이 부분이 전두엽이라고. 요리를 하는 동안 FBI 요원은 냄새가 좋다는 둥 요리가 맛있겠다는 둥 상황판단도 못한 채 헛소리를 한다. 그러면서 동료인 스털링 요원에게 당신은 누구냐고 묻고, 커피라는 단어를 듣더니 커피가 뭐냐고 묻는다. 전두엽을 잘라 냈으니 기억력이 없어졌다는 것을 보여주는 장면이다.

그러나 실제로 전두엽(그중에서도 전전두엽)은 단기기억을 담당하는 영역이다. 따라서 전두엽을 손상당한 사람은 장기기억은 크게 손상 받지 않기 때문에 커피가 뭔지도 알고, 동료인 스털링도 알아볼 수 있어야 한다. 방금 나눈 대화를 기억하지 못한다거나 했던 얘기를 되풀이하는 경우는 있겠지만 말이다.

특정 기억만 잃은 사람들

특정한 사건만 기억하지 못하는 기억상실증도 있을까. 영화 〈당신이 잠든 사이에While You Were Sleeping〉를 본 관객이라면 이런 의문이 들 것이다. 〈당신이 잠든 사이에〉는 할리우드 가족 영화의 귀재 존 터틀타웁 감독이 만든 로맨틱 코미디다. 도시에 사는 소시민의 사랑이 환상에서 현실로 변화하는 과정을 아름답게 그려내 관객들의 많은 사랑을 받은 작품이다.

줄리아 로버츠가 주인공 역할을 거절해 얼떨결에 주연 자리를 따낸 샌드라 불럭이 맡은 역할은 전철역에서 토큰을 파는 루시. 그녀는 조그마한 아파트에서 고양이와 함께 산다. 그녀의 유일한 즐거움은 매일 아침 짝사랑하는 피터가 지하철을 타러 오는 것을 보는 일이다. 어느 날 루시는 지하철 선로 위에 떨어진 피터를 발견하고는 병원으로 옮긴다. 병원으로 옮겨진 피터는 혼수상태에 빠지고 루시는 얼떨결에 그의 간호를 맡게 된다. 병문안을 온 가족들은 루시를 그의 약혼자로 오인한다.

오해는 오해를 낳는 법. 피터가 혼수상태에서 깨어나자 루시는 난처해 하지만, 오히려 가족들은 루시를 알아보지 못하는 피터를 기억상실증이라 오해한다. 여기에 의사도 한몫을 한다. 두부 외상으로 인해 특정 사건만을 기억하지 못하는 기억상실증이 있을 수도 있다고!

그렇다면 과연 영화 속 의사의 말은 사실일까. 최근 과학자들은 정신적 충격이나 두부 손상으로 인해 특정한 사건이나 기억만이 사라질 수도 있다는 사실을 여러 차례 발견했다. 신경과학자들은 이것을 '일부 기억상실증' 이라고 부른다.

새로운 기억을 가질 수 없는 사람의 두려움, 과거의 기억을 상실한 자가 느낄 황망함. 경험해보지 못한 사람은 짐작하기 힘든 고통일 것이다. 그러나 정신분석을 연구하는 사람들은 기억상실증이 단지 뇌 손상에 의한 기능 장애가 아니라 자신이 평소 회피하고 싶은 기억이나 정신적인 충격을 방어하기 위해 일부러 잊으려고 노력한 결과라고 본다. '방어와 회피' 라는 역동적 목적이 있는 능동적인 과정의 결과라는 것이다.

〈롱 키스 굿나잇〉에서 서맨사는 CIA 암살 전문 비밀요원으로서의 자신의 삶에 불만이 있었는지도 모른다. 그래서 정신적 충격 이후 무의식적으로 지난 과거를 잊고 평범한 가정주부의 모습으로 살기 원했을 수도 있다. 가끔은 망각이나 기억상실이 정신적 고통이나 아픔으로부터 오히려 나를 지켜주는 방어막 역할을 한다니 아이러니하지 않을 수 없다.

| **동시상영** |

스타쉽 트루퍼스
뇌를 먹으면 머리가 좋아진다?

〈로보캅RoboCop〉과 〈토탈 리콜Total Recall〉로 SF 영화 팬들을 열광시켰던 폴 베호벤 감독의 영화 〈스타쉽 트루퍼스Starship Troopers〉. 로버트 하인라인Robert A. Heinlein의 동명 소설을 각색한 이 영화는 곤충 외계인과 싸우는 우주 방위군의 활약을 그린 영화다. 이 영화는 '외계인과의 전쟁'이라는 정당화된 폭력 속에 처한 젊은이들의 사랑과 우정을 보여주면서 위선적인 집단의식과 전체주의를 조롱한다. 특히 '특수 효과의 귀재'인 폴 베호벤 감독의 영화답게 일곱 종류의 곤충 외계인과 벌이는 잔혹한 전투 장면은 이 영화의 압권이다.

영화 속 곤충 외계인 중에 재미있는 녀석이 있다. 여자의 성기를 닮았다고 해서 화제가 되기도 했던 '두뇌 곤충'이 바로 그 주인공이다. 곤충 외계인의 우두머리인 이 녀석은 촉수로 사람의 두뇌를 빨아먹는데, 그러면 그 사람의 지식과 지능을 얻게 된다. 과연 이것이 가능할까? 뇌를 먹으면 뇌 속의 지식까지도 가져올 수 있을까?

이 만화 같은 이야기가 사실일 수도 있다는 연구 결과가 있다. 1962년 제임스 매코널James V. McConnell과 그 동료는 편형동물인 플라나리아로 재미있는 실험을 했다. 그들은 학습을 시킨 플라나리아를 다른 플라나리아에게 먹여서 학습된 내용이 전달되는가를 알아보았다. 접시에 담긴 플라나리아에게 불빛을 비춘 뒤 전기 충격을 가한다. 그러면 플라나리아는 몸을 동그랗게 말아서 전기 충격의 고통을 줄이려고 노력한다. 불빛을 비춘 후 전기 충격을 가하는 상황이 계속되면 플라나리아는 불빛만 비춰도 몸을 동그랗게 만다. 파블로프 박사의 조건반사 실험과 마찬가지로.

이렇게 학습된 플라나리아를 갈아서 다른 플라나리아에게 먹였더니, 다른 플라나리아 역시 불빛만 비춰줘도 몸을 동그랗게 말더라는 것이다. 학습된 내용이 전달된 것이다! '기억' 을 연구하는 신경과학자들 중에는 학습을 통해 특정한 단백질이 만들어진다고 믿는 이들이 있다. 기억이 단백질의 형태로 뇌 속에 저장된다는 것이다. 이렇게 봤을 때 플라나리아는 소화기관이 따로 없기 때문에, DNA 서열이나 기억 단백질이 분해되지 않고 그대로 옮겨가서 학습된 내용이 전달된 것이라고 설명할 수 있다.

그러나 그 후 다른 연구자들이 같은 실험을 했으나 같은 결과를 얻지 못해 이 연구는 신뢰성을 잃고 말았다. 많은 과학자들은 기억이 단백질의 형태가 아니라, 뇌세포들이 서로 연결되는 과정을 통해 전체적인 네트워크 속에 저장되어 있다고 믿고 있다.

만약 기억이 단백질이라면 우리는 힘들게 공부하지 않아도 '기억 단백질' 을 이식하거나 캡슐에 넣어 먹음으로써 똑똑해질 수 있을 것이다. 단, 원숭이 골 요리를 함부로 먹었다가는 볼을 긁고 방 안을 돌아다니며 박수를 치게 될지도 모르지만 말이다.

Cinema

12

꿈은 조작될 수 있는가

인셉션

Inception

밤이란 잠과 꿈 사이를 방랑하는 시간. 크리스토퍼 놀란Christopher Nolan 감독은 자신의 '밤의 몽상'을 스크린에 그대로 옮겨 담기로 마음먹는다. 그가 어린 시절부터 꼭 만들고 싶었다는 영화 〈인셉션〉은 꿈을 조작해 생각을 주입할 수 있는 자들의 음모를 다룬 액션 스릴러. 과학자들에게도 각별히 영감을 주는 영화다. 과연 이 영화에서처럼 꿈을 내 맘대로 조작하는 것이 가능할까?

실제로 그런 장치가 나오긴 했다. 자각몽Lucid Dream 현상을 이용해 원하는 꿈을 꿀 수 있도록 도와주는 장치가 바로 그것인데, 그간 노바 드리머Nova Dreamer란 제품명으로 팔리다가 〈인셉션〉의 인기로 '드림메이커Dream Maker' 라는 업그레이드된 버전이 출시되었다.

자각몽, 과학을 꿈으로 들여보내다

자각몽이란 '몸은 잠을 자고 있어 움직일 순 없지만 의식은 깨어 있어 마음껏 상상한 대로 꾸는 꿈' 을 말한다. 의식이 있는 '가假수면 상태' 에서 꾸는 꿈이라서 나중에 기억에도 오래 남는다. 이 장치는 자각몽을 유도해 원하는 꿈을 상상하도록 해준다. 5세기께부터 널리 알려진 자각몽 현상을 '꿈을 들여다보는 창' 정도로 활용하는 데 그치지 않고 간단한 전자 장치를 통해 유도하고 조작하려는 시도를 한 셈이다.

노바 드리머의 원리는 매우 간단하다. 10Hz 전후의 알파파를 방출해 뇌를 렘수면 상태로 잡아놓은 뒤 미리 저장된 소리를 들려준다. 몇 년 전 이 장치를 구입해 직접 사용해봤는데, 아쉽게도 성능이 그다지 좋진 않았다. 자각몽과 비슷한 몽롱한 상태가 유도되긴 하나 원하는 꿈을 제대로 꾸진 못했다.

불행하게도 우리는 잠의 상태를 변형하고 꿈을 꾸도록 유도할 순 있어도 꿈의 스토리, 다시 말해 꿈의 콘텐츠를 조작할 수 있는 기술은 가지고 있지 않다. 꿈의 생성과 구조에 대한 연구는 오랫동안 진행돼왔으나 꿈의 내용에 대한 연구는 진행되지 못했기 때문이다. 근본적으로는 뇌의 전기적 활동으로 꿈의 내용을 파악하는 것이 아직은 불가능하다.

하지만 자각몽 연구의 대가 스티븐 라버지Stephen LaBerge 박사는 자각몽 상태야말로 '깊은 무의식의 심연' 인 꿈의 세계로 들어갈 수 있는 유일한 통로라고 주장한다. 이를 조작할 수 있다면 원하는 꿈도 주입할 수 있을 거란 게 그의 생각이다.

영화 속의 꿈 vs 실제의 꿈

영화에서처럼 꿈의 공간에선 공간이 휘기도 하고, 팽이(토템)가 쓰러지지 않으며, 중력이 제대로 작동하지 않을 수도 있는 걸까? 하염없이 떨어지는 버스 안에서 시간이 멈춰버릴 수도 있는 걸까?

꿈이란 현실의 고삐가 풀린 상태이므로 물리적인 제약이 꿈의 공간까지 지배할 리 없다. 따라서 영화 속 설정은 얼마든지 가능하다. 그러나 수면정신의학자가 꿈을 꾼 사람들의 진술을 분석한 결과 대개 자신의 현실적 경험 안에서 꿈을 꾼다는 것을 발견했다.

원래 꿈을 꾸는 시간으로 알려진 렘수면 동안 인간의 뇌는 지난 며칠간의 경험을 정리하고, 쓸데없는 기억은 지우며, 중요한 정보는 장기기억으로 넘기는 활동을 한다. 이때 만들어진 분절적인 경험의 파편이 인과관계로 엮이면서 만들어지는 것이 바로 꿈이다. 따라서 대개 현실적 틀에서 벗어날 수 없는 경우가 많은 것이다. 자유로운 꿈을 꾸기 위해서 잠자기 전에 과감히 상상하는 훈련을 한다면 모를까.

영화에서 언급된 것처럼 꿈이 때론 기억에 가둬질 수밖에 없는 것도 비슷한 까닭이다. 기억은 꿈꾸고 상상하기 위한 경험의 질료로, 꿈은 기억이라는 주형 안에서 그 모양이 만들어지기 쉽다. 어린 시절 뛰놀던 골목길, 수능시험을 봤던 교실, 혹독한 질문으로 당황했던 입사시험 면접장 등의 장소를 자주 꿈속에서 방문하는 것도 그 때문이다.

꿈에서 꿈을 꾸는 것이 가능할까? 다시 말해 '꿈을 꾸는 꿈'을 꿀 수 있을까? 꿈을 꾼 사람들의 진술에 따르면(렘수면 상태가 끝난 뒤 바로 깨우면 깨기 직전에 꾼 꿈을 생생히 기억해낼 수 있어 구체적인 진술이 가능하다) 꿈속에서 다시 잠에 빠져 꿈을 꾸는 경험을 했다고 진술하는 경우가 가끔 있다고 한다. 그러나 구체적으로 꿈속의 꿈을 기억하는 사람은 많지 않다고 한다. 게다가 꿈속에서 꿈을 꾸도록 유도하는 것은 지금으로선 불가능하다. 그러니 영화 속 상상에서만 만족해야 할 듯싶다.

〈인셉션〉의 핵심적인 모티브라고 할 수 있는 '꿈의 공유', 같은 꿈속에 함께 등장해 꿈을 공유하는 것이 과연 가능할까? 만약 꿈을 꾸는 동안 뇌 속 신경세포들의 모든 활동을 정교하게 기록할 수 있다면, 그래서 그것을 두 사람의 뇌에 연결(뇌파 캡을 통해 두 사람 뇌의 전기적 활동을 일치시키는 게 불가능한 것은 아니다!)시킬 수 있다면 원리적으로 가능할 수도 있다. 두 사람이 꿈에 함께 등장하진 않더라도 같은 꿈을 꾸는 것 정도는 가능할 수도 있다는 얘기다.

그러나 영화는 꿈을 공유하는 장면에서 '뇌 상태 공유캡'을 쓰지 않고 정맥주사 비슷한 것을 함께 맞는 것으로 묘사하고 있다. 다시 말해 이 영화에선 대뇌 신경 활동의 일치를 통해서가 아니라 (유사) 마약을 통한 '발

현실이 꿈이고 꿈이 현실이 되는
호접몽의 화두가 과학적으로 유용한 것은
'현실을 이해하고 반영하는 무의식적 기제' 로서
꿈을 해석한다는 데 있다.

랄한 상상력의 공유' 를 통해 '꿈의 공유' 에 접근하는 것처럼 보인다(환각 상태라면 무엇이 불가능하랴!).

'꿈에서 얻은 암시가 현실에서의 생각을 바꿀 수 있다' 는 영화 속 메시지는 '무의식적 암시가 삶에 미치는 영향이 막대하다' 는 신경과학자들의 최근 연구 성과를 그대로 반영하고 있는 듯하다. 현실이 꿈이고 꿈이 현실이 되는 호접몽의 화두가 과학적으로 유용한 것은 '현실을 이해하고 반영하는 무의식적 기제' 로서 꿈을 해석한다는 데 있다. 잠과 꿈 사이를 배회했던 '밤의 시간' 은 날이 밝으면 이성으로 현실을 건설하는 온전한 '낮의 시간' 에 되살아난다. 에디트 피아프의 음악 없이도.

| 동시상영 |

인썸니아
백야가 불면증을 부른다

수면과 기억을 연구하는 신경과학자들은 20세기를 관통하면서 획기적인 발전을 거듭해왔다. 하버드대 신경병리학자 클리퍼드 세이퍼Clifford Saper와 그의 동료들은 수면을 조절하는 부위를 찾아내 화제가 되기도 했다. '수면 스위치'라 불리는 이곳은 시상하부 앞부분에 위치하고 있는데, 수면 상태에서는 왕성하게 활동하지만 깨어 있는 시간에는 전혀 활동하지 않는다. 반대로, 시상하부 뒷부분의 세포들은 사람을 계속 깨어 있게 만드는 기능을 한다. 과학자들에 따르면, 시상하부 앞부분의 신경세포들이 신경전달물질을 분비하면 이 물질이 시상하부 뒷부분으로 이동해 그곳의 활동을 억제해 잠을 자게 만든다는 것이다. 이것이 우리가 잠을 자는 메커니즘이라고 과학자들은 믿고 있다. 물론 깨어 있는 상태는 그 반대 과정이 되리라.

정신의학적인 정의에 따르면, 불면증은 한 달 이상 밤에 잠을 자지 못하는 증상이 지속되는 경우를 말한다. 초췌한 얼굴과 감겨오는 충혈된 눈, 누적된 피로와 심한 스트레스, 희미한 판단력, 잠을 자야 한다는 강박 등 영화 〈인썸니아Insomnia〉에서 주인공 도머는 밤이 침묵해버린(Nightmute) 땅 알래스카에서 전형적인 '불면증' 증세를 보여준다.

불면증이 심각한 질병인 이유는 밤에 잠을 자지 못해서가 아니라, 낮에 정상적인 활동을 하지 못하게 만들기 때문이다. 불면증 환자는 깨어 있어도 늘 몸이 피로하고 판단력과 인지 기능이 현저히 떨어져 있다. 영화 속에 자주 등장하는 '안개' 이미지는 불면증 환자의 의식 상태를 보여주는 하나의 상징처럼 읽힌다. 도머가 용의자를 추적하다가 동료 형사 햅을 죽이게 되는 것도 '자욱한 안개' 때문이다.

실제로 영화에서처럼 '백야'는 불면증의 원인이 된다. 그래서 백야가 있는 노르웨이나 극지방에서는 다른 곳에서보다 불면증 환자 비율이 높으며, 그로 인해 우울증 환자 빈도와 자살율이 상대적으로 더 높다고 알려져 있다. 그것은 우리 뇌에서 잠자는 시간을 조절하고 일주기적인 행동을 관장하는 영역인 '시교차상핵 suprachiasmatic nucleus'이 빛에 민감하기 때문이다.

때가 되면 배가 고프거나 잠이 오는 것도, 자명종을 맞추지 않아도 정해진 시간에 눈이 떠지는 것도 바로 이 시교차상핵 때문이다. 일종의 생체시계인 셈인데, 시교차상핵이 24시간을 판단하는 기준에는 '빛'이 아주 중요한 역할을 하는 것이다. 시교차상핵은 빛이 있으면 낮이라고 여기고, 빛이 없으면 밤이라고 간주한다. 그래서 밤에 갑자기 빛을 쬐어주면 우리의 주기적인 행동은 심한 변화를 겪는다.

24시간 중에서 가장 졸리는 시간은 새벽 무렵이다. 계속 잠을 자게 하기 위해서는 날이 밝아 잠이 깨려는 순간에 잠을 자려는 욕구를 최고조로 만들어줄 필요가 있기 때문이리라. 그런데 백야 현상으로 인해 밤부터 새벽까지 계속 빛이 들어오면 잠을 자려는 욕구가 사라지면서 오래 잠을 잘 수 없게 된다.

영화에서 백야는 도머의 내적 불안감을 드러내는 장치로 사용되는 것 같다. 그동안 영화나 소설에서 '어둠'이 죄의식과 공포를 상징해온 것과 비교하자면, 이 영화에서 '과도한 빛'이 그를 잠 못 들게 만드는 (동료를 살해했다는) 죄의식을 상징하고 있다는 점은 주목할 만하다.

누구나 한 번쯤 '잠들지 못하면 어쩌나', '그러면 내일 있을 중요한 일을 망치는데' 하면서 걱정으로 밤을 보낸 경험이 있을 것이다. 불면증을 포함해 수면장애로 시달린 경험이 있는 사람이 미국에서만 7000만 명에 이른다는 사실만 보더라도, 도머는 어딘지 모르게 우리와 닮아 있다. '중요한 사항을 잊어버리면 어쩌나'를 고민하며 몸에 글씨를 써넣는 〈메멘토〉의 레너드가 우리와 조금씩 닮아 있는 것처럼 말이다. 둘 다 놀란 감독의 작품인데, 한 감독이 만들어낸 이 두 주인공에서 약간의 기억상실증과 약간의 불면증에 시달리며 긴장과 강박에 사로잡혀 살고 있는 현대인의 모습을 발견한다면 지나친 비약일까.

Cinema
13

과학자들은 최면과 전생을 어떻게 설명할까

환생
Dead Again

기억상실증과 실어증에 걸린 한 여인이 수녀원에 찾아온다. 수녀들은 그녀의 집을 찾아주기 위해 사립 탐정을 고용한다. 그러나 자신이 누구인지 전혀 기억하지 못하는 상황에서 사립 탐정은 막막하기만 하고, 기억의 단초를 찾기 위해 노력하는 사이 둘은 점점 가까워진다. 그러던 어느 날 한 최면술사가 찾아와 최면 상태를 이용하면 무의식 속에 들어 있는 기억들을 끄집어낼 수 있으며, 그녀가 왜 실어증과 기억상실증에 걸리게 됐는지도 알 수 있다고 말한다. 그래서 그녀는 최면에 들게 되고, 한 살인 사건을 기억하게 된다.

최면 속에 도착한 때는 1949년경. '스트라우스' 라는 한 유명한 작곡가가 한 여인을 사랑하게 되고 결혼을 한다. 그러나 그녀가 다른 남자(앤디 가르시아)와 친하게 웃고 있는 모습을 보고, 질투심에 사로잡힌 작곡가 스트라우스는 그녀를 잔인하게 가위로 찔러 죽인다. 그러나 문제는 그가 아내를 죽이지 않았다고 주장하는 것이다. 그렇지만 유죄 판결을 받은 스트라우스는 곧바로 사형을 당한다. 최면 상태에서 보이는 영상을 통해 여인은 자신이 바로 환생한 스트라우스이며, 사립 탐정은 살해당한 스트라우스의 아내였다는 사실을 알게 된다. 그리고 실제 범인이 누구였는지도 최면을 통해 베일이 벗겨진다.

케네스 브래너와 에마 톰슨이 주연했던 〈환생〉은 매우 흥미진진한 미스터리 영화다(두 배우는 실제로도 부부였으나 이혼했다). 제목에서도 풍겨나듯 〈환생〉의 주요 소재는 우리나라 TV 프로그램에도 단골 메뉴로 등장하는 '최면과 전생' 이다.

최면 현상이 존재한다는 것, 그리고 최면 상태에서 자신의 전생이라고 여겨지는 어떤 기억들을 떠올린다는 것에 대해서는 과학자들도 인정하고 있다. 그러나 정말로 그들의 기억이 전생의 삶에서 비롯된 것일까? 과학자들은 최면과 전생을 어떻게 설명할까?

잠재의식 속으로 걸어 들어가다

"편안한 자세로 가만히 눈을 감고 자신의 숨소리에 주의를 기울여보십시오"로 시작되는 최면술사의 주문은 피험자를 깊은 최면 상태로 빠져들게 한다. 사람들은 주의를 한곳에 집중하면 주변의 일들은 잊어버린다. 산만하게 이런저런 일들에 신경 쓰는 주변 의식이 희미해지고, 하나의 일에 몰두하게 되는 이러한 의식 상태를 의학적으로 최면 상태라고 부른다. 최면 상태가 되면 몸은 이완되고 마음은 편안해진다. 몸의 근육을 수축시키고 긴장하게 만드는 교감신경의 활동이 감소되면서 혈압과 심장박동, 호흡수, 체내 대사 속도 등은 떨어지고 체온은 이와 반대로 올라간다. 그러나 뇌파를 찍어보면 잠자는 상태와는 확연히 구별되는 패턴을 볼 수 있다.

최면이란 편안한 마음에서 무언가에 몰두해 있는 상태라고 할 수 있다. 특히 자신의 잠재의식에 몰두하게 되면 의식 상태에서 인식하지 못했던 자신의 모습을 발견하는 경우도 있다. 최면 상태에 들어가면 평상시엔 경험하지 못하는 감각 상태를 경험하게 되는데, 예를 들면 몸이 둥둥 뜨는 느낌이나, 팔이 저절로 올라가는 느낌 등의 경험을 하게 된다. "둥둥 뜬다고 상상해보십시오"라는 말만 들어도 그런 느낌과 감각을 경험하게 되는 것이다.

최면 상태에서 경험하게 되는 몇 가지 특징적인 현상이 있다. 우선 환청과 환상을 꼽을 수 있는데, 이때 보거나 듣는 것들이 너무나도 생생해서 아주 자세히 묘사할 수 있을 정도다. 이는 마약이나 본드를 흡입한 사람들의 경험과 유사하다고 한다. 또한 최면 상태에서는 어느 정도의 마취 효과도 있다. 손바닥 위에 뜨거운 물체를 올려놓아도 전혀 느끼지 못하는 경우도 있다. 그래서 최면 상태에 들게 한 후 수술을 하는 곳도 있다고 한다.

한편 최면 상태에서는 시간이 짧아진다. 누구나 재미있는 영화를 보거나 책에 푹 빠져 있을 때 자신도 모르는 사이에 시간이 훌쩍 흘러버린 경험을 해본 적이 있을 텐데, 최면 상태에서는 약 40퍼센트의 시간 단축을 경험한다는 보고가 있다. 잊었던 기억을 다시 생각해내기도 한다는데, 그것은 아마도 의식 상태에서는 잊었지만 잠재의식 속에 남아 있는 이미지를 떠올림으로써 가능한 것으로 보인다.

잠재의식에 몰두해 있는 최면 상태는 의학적인 치료에 이용되기도 한다. 여기에는 '암시'라는 방법이 주로 이용되는데, 최면 상태에서 자신감을 북돋아주면 무의식에서 받아들여 자신감을 회복하게 된다거나, 무의식적인 적대감 혹은 마음의 상처인 트라우마 등을 최면 상태에서 치료하는 것이 가능하다고 한다.

최면에 잘 걸리는 사람은 따로 있다?

이렇듯 최면은 최면술사의 지시에 따라 수동적으로 움직이는 주술적인 상태가 아니라 의학적으로 검증된 특정한 의식 상태다. 그동안 TV나 영화가 신비롭고 주술적인 방식으로 최면을 다루어왔기 때문에 최면에 대한 선입견이 생기지 않았을까 싶다.

최면은 주문을 왼다고만 해서 걸리는 것은 아니다. 사람에 따라 최면에 쉽게 빠져드는 경우도 있고, 그렇지 않은 경우도 있다. 어떤 사람이 최면에 얼마나 잘 걸리느냐 하는 것을 '최면 감수성' 혹은 '피최면 능력'이라고 한다. 간단한 방법으로 최면 감수성을 알아볼 수 있다. 자연스럽게 두 손의 깍지를 끼어보자. 이때 자신이 주로 쓰는 손이 아래로 가면 감수성이 높은 편이다. 예를 들어 오른손잡이가 양손을 편하게 깍지 꼈을 때 오른손 엄지손가락이 왼손 엄지 밑에 오면 그는 감수성이 높은 사람이다. 그러나 이 방법은 쉽게 해볼 수 있긴 하지만 대체적인 경향만을 알려준다.

좀 더 정확한 방법은 안구 회전 신호를 측정하는 방법이다. 머리는 똑바로 정면을 향한 채 눈동자만 머리 꼭대기를 보듯 치켜뜬다. 이 상태에서 시선은 고정한 채 눈꺼풀만 살짝 감는다. 눈을 감는 순간 위아래 눈꺼풀 사이에 흰자위가 얼마나 많이 보이는가가 최면 감수성의 척도가 된다고 한다. 즉 흰자위가 많이 보이는 사람이 최면에 잘 걸리는 사람이라는 것이다.

최면의 함정, 무죄를 유죄로 만들다

그렇다면 최면 상태에서 떠오르는 기억은 과연 사실일까? 자신의 전생을 보았다고 주장하는 사람들의 이야기는 믿을 만한가? 아직 정확한 사실은 알 수 없지만, 과학자들은 이때의 기억이 '거짓 기억'일 수 있다고 경고한다. 미국에서는 이미 '거짓 기억 증후군False Memory Syndrome'이라는 문제가 심각하게 제기된 적이 있다.

지난 1989년 가정주부였던 에일린 프랭클린은 우연히 어린 시절의 끔찍한 사건을 기억해내고는 깜짝 놀라게 된다. 그것은 지금껏 한 번도 생각해본 적 없는, 20년 전에 벌어진 한 살인 사건에 대한 기억이었다. 그녀의 머릿속에 자신의 의붓아버지가 그녀의 친구를 죽이는 장면이 방금 일어난 사건처럼 생생하게 떠오른 것이다. 그녀는 이 일을 경찰에 신고했고, 의붓아버지는 기소돼 살인죄를 선고받았다. 그러나 물증은 하나도 없었다. 오로지 그녀가 떠올린 기억에 의한 진술과 당시 사건 기록이 일치한다는 상황 증거뿐이었다. 이 사건은 사회적인 관심을 불러일으키며, 피해자와 가해자 양측을 지지하는 각각의 사람들 사이에 많은 논쟁을 야기했다.

그런데 워싱턴 대학의 인지심리학 교수인 로프터스Elizabeth Loftus 박사가 이 사건에 문제를 제기함으로써 사건은 다시 원점으로 돌아간다. 로프터스 교수는 프랭클린이 기억을 떠올리던 당시 최면 치료를 받고 있었음을 상기시키고, 그녀의 기억이 어린 시절의 실제 기억이 아니라 만들어진 기억이라고 주장했다. 결국 프랭클린의 기억은 그의 주장대로 사건 당시 매스컴의 보도를 토대로 만들어진 것임이 밝혀졌다. 당시 매스컴은 범인이 매트리스를 차 트렁크에서 꺼냈다고 보도했지만, 매트리스는 차 트렁크에 들어가지 않을 만큼 컸다. 보도는 명백한 오보였음에도 불구하고, 그녀의 기억은 매스컴의 보도 그대로였다. 이것은 그녀의 기억이 보도자료를 토대로 구성된 거짓 기억이라는 강력한 증거로 제시되었고, 의붓아버지는 결국 무죄로 석방됐다.

최면 전문 의사들은 이러한 거짓 기억을 환자의 무의식에 도사린 특정 대상에 대한 적대감 때문으로 보고 있다. 자신이 평소 싫어하는 사람에 대한 적대감이 최면시에 평소 책이나 영화에서 보았던 끔찍한 기억과 얽혀 거짓된 기억을 구성해낸다는 것이다. 전생도 마찬가지일지 모른다. 평소 자신이 인상 깊게 본 이야기나, 존경했던 역사적 인물들에 대한 정보가 무의식 속에서 재구성되어 최면 상태에 나타나게 된 것은 아닌지 추측해볼 수 있다. 전생이 과연 존재하는가에 대해 과학자들이 확실한 해답을 제시하지는 못한다. 그러나 확실한 것은 모든 기억이 사실인 것은 아니라는 점이다.

PART 02
생명공학, 인간의 욕망에 답하다

영원한 생명을 향한 열망의 역사는
과학으로 다시 쓰이고 있다.
DNA를 주무르고, 바이러스에 맞서가며
소멸해가는 생명에 숨을 불어넣는
그 생생한 현장 속으로의 시사회.

Cinema
14

휴먼 게놈 프로젝트가 밝히는 생명의 설계도

가타카
Gattaca

21세기에 막 들어서자 전 세계는 다음 100년 동안 펼쳐질 미래에 대한 호들갑스런 예측과 환상으로 들썩였다. 기상천외한 발명품들에 대한 추측과, 에이즈나 암 정복에 대한 낙관적인 전망은 앞으로 100년 동안 인류가 누리게 될 번영을 짐작하게 함으로써 우리를 들뜨게 만들었다.

이와는 반대로 과장과 비약으로 무장한 비관주의가 경고 메시지를 전하기도 했다. 21세기가 오기도 전에 지구가 망하기라도 할 것처럼 떠벌리고 다녔던 사람들 입에선 핵전쟁과 인간 복제와 환경 파괴라는 무시무시한 단어가 쏟아져 나왔다.

낙관론과 비관론의 경계 사이에서 위태로운 곡예를 벌이고 있는 과학자들이 공통적으로 확신하고 있는 것은 유전공학과 바이오테크놀로지가 미래의 청사진을 제시할 것이라는 점이다. 그리고 '휴먼 게놈 프로젝트Human Genome Project'의 결과물로 얻은 '생명의 설계도'를 우리가 어떻게 사용하느냐 하는 점이 그 중심에 있다.

생명의 비밀을 찾아낼 보물 지도의 발견

휴먼 게놈 프로젝트는 인간 세포 안에 들어 있는 30억 자 유전 암호를 하나씩 해독해서 완전한 유전자 지도를 만들려는 야심찬 계획이었다. 이 연구가 처음 구상된 것은 1984년 12월 미국 에너지성의 주최 하에 소수의 DNA 연구 전문가들이 모여 히로시마 원폭의 유전적 피해 상황을 파악하기 위한 방법론을 토의하는 학술 회의에서였다. 이 모임에서 유전적인 피해를 가장 정확하게 분석할 수 있는 방법은 각 피해자의 염색체 DNA가 어떻게 변이를 일으켰는지를 밝히는 것이며, 시간과 돈만 충분히 들인다면 이것이 가능하다는 결론을 얻었다. 이에 30억 달러의 연구비가 투입되고 15년 정도 걸릴 것으로 추정되는, 유사 이래 최대 연구 사업의 필요성을 미국 에너지성이 처음 주장하게 되었다. 이후 생물학자들뿐 아니라 예산과 입법에 관련된 정치가까지 참여하여 열띤 찬반 토론을 거친 끝에, 1990년 10월 1일을 정식 출범일로 선포하여 2005년까지 인체 게놈의 모든 염기 서열을 밝히려는 노력이 시작되었다.

인간의 몸에서 일어나는 생명 현상을 조절하고, 신체 기관의 구조와 활동을 통제하는 모든 설계도는 60조 세포마다 'DNA'의 형태로 저장되어 있다. 그중에서 의미 있는 정보를 '유전자[gene]'라 하며, 그런 유전자들을 합쳐 '게놈(유전체)'이라 부른다. 인간은 성염색체 2개를 포함해서 모두 46개의 염색체를 가지고 있고, 각각의 염색체는 수많은 DNA 가닥을 포함하고 있다. 이 DNA들이 모여 10만여 개의 게놈을 이룬다. 이중나선형 생체 고분자인 DNA는 아데닌[A], 구아닌[G], 시토신[C], 티민[T] 네 가지 염기로 이루어져 있는데, 이 염기들이 연속적으로 조합을 이루며 유전 정보를 기록한다. '휴먼 게놈 프로젝트'란 바로 생명 현상을 관장하는 유전자 전체를 알아내기 위해 모든 DNA 염기 서열을 밝히려는 체계적인 노력인 것이다.

휴먼 게놈 프로젝트에 대해 가장 궁금한 점이 무엇이냐는 질문에 미국 아이들이 했던 대답이 재미있다. 아이들 왈, "그 DNA가 누구 거예요?" 인간 게놈 프로젝트로 밝혀낸 DNA는 누구의 것이었을까? 프로젝트를 처음 시작할 당시에는 프로젝트에 참여했던 과학자 두 명과 그들의 친구 두 명, 이렇게 네 명으로부터 유전자를 얻어 연구에 들어갔다. 그러나 그 유전자는 사전에 어디에 쓰일 것이라는 설명과 이에 대한 동의 없이 얻은 것이었고, 유전자 제공자들의 익명을 보장하지 않는 바람에 이름이 알려져버렸다. 나중에 이 문제를 수습하려 하였으나 설상가상으로 두 명은 이미 죽어버린 후였다. 그래서 익명의 여러 사람들로부터 새로

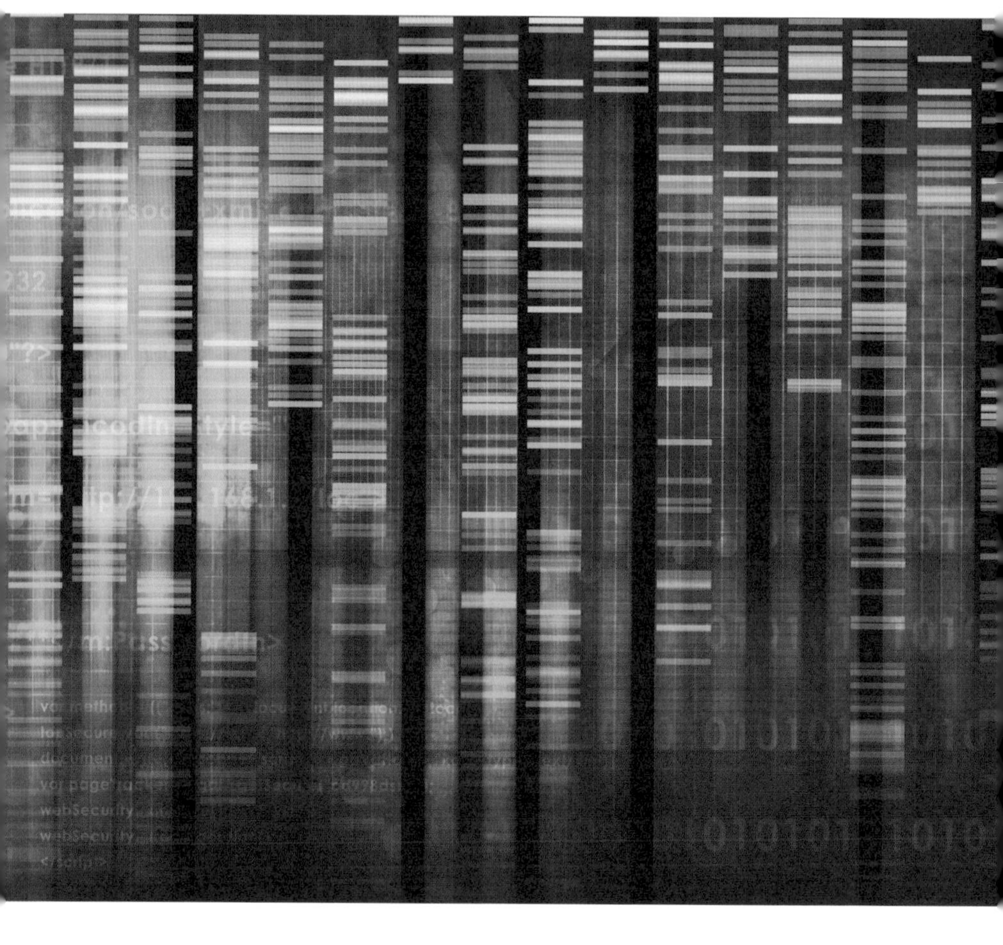

완성된 생명의 설계도를 어떻게 사용하느냐에 따라
미래의 청사진은 그 빛깔을 달리하게 될 것이다.

DNA를 얻어야 했다고 한다. 이 프로젝트를 처음 수행할 때 생긴 해프닝이다.

휴먼 게놈 프로젝트가 완수된 지금 우리는 조금씩 새로운 세상을 열어가고 있다. 현재 암이나 치매, 당뇨병에서부터 정신분열증이나 우울증에 이르기까지 유전 질환으로 규명된 질병만 해도 대략 4000여 종에 이른다. 우리가 유전자의 작용을 모두 이해하게 된다면, 유전자 이상으로 인한 유전병을 고치는 일도 가능할 것이다. 무엇보다도 생명 현상에 대해 근본적으로 이해하고 연구할 수 있는 계기가 마련된다는 점에서 매우 의미 있는 프로젝트임에 틀림없다. 물론 간과해서는 안 될 것은 DNA 염기서열을 알아냈다고 해서, 생명 현상을 완전히 이해했다고 자만해서는 안 된다는 사실이다. 보물섬의 지도를 발견했다고 해서 보물을 얻었다고 말할 수는 없는 것처럼. 알다시피 보물을 찾는 과정은 지도를 그리는 일보다 더 험난하다.

가능한 최악의 시나리오

'휴먼 게놈 프로젝트'가 장밋빛 미래를 약속해주는 것은 더더욱 아니다. 휴먼 게놈 프로젝트의 성공이 가져다줄 미래상이 어떤 것인지 궁금한 사람들에게 영화 〈가타카〉는 의미심장한 메시지를 전한다. 좋은 유전자 코드를 가진 우성 인간이 열성 인간을 지배하는 생물학적 계급사회가 펼쳐지게 될지도 모른다고.

영화의 배경은 '생명의 설계도'라고 할 수 있는 DNA의 의미를 완전히 이해하고 있으며, 조작까지 가능한 미래 사회. 돈 많은 사람들은 유전자 조작을 통해 좋은 유전자만을 가진 우성 인간을 자식으로 낳지만, 자연 수정되어 태어난 아이들은 열등 인간으로 냉대를 받는다. 자연 수정으로 태어난 주인공 빈센트의 꿈은 토성 여행이다. 우주 비행사가 꿈인 그는 토성 우주 프로젝트를 추진하는 '가타카'에 들어가고 싶어하지만, '엘리트의 집합소'인 가타카에는 우성 인간만이 들어갈 수 있다. 치밀한 계획 끝에 우성 인간의 유전자와 혈액을 빌려 우성 인간 행세를 하며 가타카에 들어간 빈센트는 살인 사건에 연루되면서 자신의 정체까지도 탄로 날 위기에 처한다. 가타카는 DNA를 이루는 염기인 A, G, C, T만으로 만들어진 회사명으로서, 유전자만으로 인간을 판단하는 미래 사회를 상징한다. 영화는 시종일관 생물학적 지식이 만들어낸 끔찍한 계급 사회를 보여준다.

만약 인간의 유전자 정보를 미리 알게 된다면, 지금까지는 상상도 못한 문제들이 야기될 수 있다. 예를 들어 심장 발작 유전자를 가진 사람이 비행기 조종사로 취직하려고 한다면 항공사는 과연 그를 받아들일 것인가? 승객들의 안전을 생각하면 그를 고용하는 것은 위험한 일이지만 아직 발병하지도 않은 사람을 차별해서는 안 될 문제다. 심지어 그는 까다로운 보험회사들 때문에 보험 혜택을 받기도 힘들 것이다.

실제로 유전자 검사가 도입된 미국에서는 이런 일들이 이미 벌어지고 있다. 또한 1995년도에 실시된 한 조사에서 유전 질환이 있는 가족 구성원의 22퍼센트가 민간 보험회사가 운영하는 건강보험 가입을 거부당했다고 응답했다. 그리고 미국의 500대 기업 중 3.5퍼센트가 종업원에 대한 유전자 정보를 갖고 있는 것으로 추정되고 있다.

유전자가 우선시되는 사회에서는 열성 유전자를 가진 아이를 임신했을 경우 낙태가 자행되고, 우수한 유전자를 얻기 위한 유전자 조작도 횡행할 것이다. 그때 발생하는 의료 사고나 기형아 출산에 대한 책임은 누가 어떻게 질 수 있을까? 그리고 무엇보다도 열성 유전자를 가진 사람들이 느끼게 될 열등감, 언젠가 병에 걸릴지 모른다는 불안감과 사회로부터 느끼게 될 소외감은 원만한 인간관계와 사회생활을 방해할 것이다.

미래에 대한 낙관론과 비관론은 화해할 수 없는 논리를 가지고 있다. 하지만 그들에게는 공통점이 있다. 그들의 논리 속엔 미래를 살아갈 우리의 생각과 태도는 전혀 고려되어 있지 않다는 점이다. 비관적인 세상이 거부할 수 없는 운명이거나 낙관적인 세상이 불가능한 환상이 아니라, 비관적인 세상을 낙관적으로 만드는 것이 우리가 해내야만 하는 공동 과제인 것이다. 인간을 유전자만으로 판단하고 평가하지 못하도록 사회적인 제도와 법안을 마련하는 것은 유전자 규명을 통해 생명 현상을 이해하는 것만큼 중요한 문제다. 그리고 그것은 머지않은 미래에 우리가 해야 할 일이기도 하다.

Cinema
15

'골형성 부전증'에 관한 상상력

언브레이커블
Unbreakable

만화 속 상상이 현실이 된다면 과연 행복할까? 나이트 샤말란Night Shyamalan이라면 아마도 고개를 저을 것이다. 그의 영화에는 만화 속에서나 나올 법한 초자연적인 능력을 가진 주인공들이 등장한다. 〈식스 센스The Sixth Sense〉에서 소년 콜 시어는 죽은 사람의 영혼을 볼 수 있는 능력을 지녔으며, 〈언브레이커블〉의 데이비드 던은 대형 열차 사고에서도 혼자 살아남을 만큼 불사조 같은 육체를 가졌다. 그러나 만화 속 주인공들과는 달리, 그들은 자신의 능력을 그다지 달가워하지 않는다. 콜은 죽은 자와 산 자가 뒤섞인 현실에 적응하지 못한 채 자폐적인 증세를 보이고, 데이비드는 자신이 특별한 육체를 가졌다는 사실조차 인정하려 들지 않는다. 그들은 누구보다도 평범하게 살길 원한다.

그러나 콜과 데이비드 옆에는 그들의 능력을 알아주고 이해해주는 지우들이 있다. 〈식스 센스〉에서는 정신과 의사인 맬컴 크로가, 〈언브레이커블〉에서는 만화 작가인 엘리아 프라이스가 주인공들의 특별한 능력이 세상을 위해 유용하게 쓰일 수 있음을 보여줌으로써 그들이 자신의 능력을 받아들일 수 있도록 도와준다. 세상은 우리에게 평범한 삶을 강요하지만, 그들의 특별한 능력이 필요할 만큼 때론 '부도덕' 하다는 사실을 일깨워줌으로써.

그리고 마지막 반전. 브루스와 엘리아의 '정체' 가 드러나면서 관객은 뒤통수를 얻어맞는다. 적대적 관계인 죽은 자가 산 자를, 악이 선을 일깨우는 샤말란 영화의 마지막 반전은 관객을 감쪽같이 속여 넘기는 '오락적인 장치' 에 머물지 않고, 아이러니한 인생사의 단면을 드러내고 있기에 더욱 인상적이다.

만화 같은 설정에도 불구하고, 과학자들에게 〈언브레이커블〉이 그럴듯해 보이는 것은 과장된 특수 효과나 열차 폭파 같은 액션 장면은 철저히 배제한 채, 인물들의 대사만으로 내러티브를 끌고 나가는 감독의 연출 때문만은 아니다. 엄마의 따스한 품에서도 갈비뼈가 부러지고, 계단에서 넘어지기만 해도 다리가 부러지는 엘리아 프라이스 같은 환자들이 실제로 존재하기 때문이다.

범인은 유전자

우리 몸엔 '콜라겐'이라는 단백질이 있다. 피부의 70퍼센트, 뼈를 구성하는 단백질의 90퍼센트가 바로 이 콜라겐으로 이루어져 있다. 콜라겐은 뼈 조직을 서로 단단하게 붙여주는 아교 역할을 한다. 그런데 콜라겐을 형성하는 데 관여한다고 알려진 염색체 7번[COL1A1]과 17번[COL1A2]에 이상이 생기면, 콜라겐을 충분히 만들지 못하거나 그 구조가 변형돼 엘리아와 같은 증세를 보이게 된다. 뼈 밀도가 낮아져 계단에서 넘어지기만 해도 뼈가 부러지는 것이다.

'골형성 부전증'이라고 불리는 이 질병에 걸리면 심한 경우 일생 동안 수백 번 가까이 골절상을 입기도 하며, 뼈가 제대로 성장하지 못해 평생 휠체어 생활을 해야 하는 경우도 있다. 발병률은 전 세계적으로 약 0.008퍼센트 정도로 그리 높다고는 볼 수 없지만, 60억 인구로 따지면 약 50만 명이 이 병을 앓고 있다는 계산이 나온다.

나이트 샤말란은 의사인 아버지와 어머니 사이에서 태어났으며, 가까운 친척들까지 포함하면 무려 14명의 의사가 포진한 의사 집안에서 자랐다. 그가 〈언브레이커블〉의 시나리오 작업 당시를 술회한 글을 보면, 엘리아의 캐릭터를 만들 때 '골형성 부전증'을 염두에 두었다는 것을 알 수 있다. 삼촌 집에서 아침 식사를 하던 그는 의사인 삼촌에게 '쉽게 뼈가 부러지는 증세를 가진 질병에 대해 기억나는 것이 있느냐'고 물었고,

골형성 부전증 발병률은 0.008퍼센트.
그러나 60억 인구로 따지면
50만 명이 이 병을 앓고 있는 셈이다.
©Jhrebicek | Dreamstime.com

삼촌은 그에게 '골형성 부전증'에 관해 알려주면서 관련 논문까지 건네주었다고 한다.

그러나 새뮤얼 잭슨이 연기한 엘리아 프라이스는 일반적인 골형성 부전증 환자들과는 그 특성이 많이 다르다. 그는 보통 사람들보다 오히려 키가 크고, 이곳저곳을 돌아다니며 잔인한 폭탄 테러를 저지를 만큼 활동적이고 운동력도 강하다. 아무래도 평범한 골형성 부전증 환자는 아닌 것 같다.

남들보다 더 강한 뼈는 있을 수 있을까

자, 그렇다면 이제 엘리아 프라이스의 증세를 통해 데이비드 던의 초능력을 유추해보자. 앞에서 콜라겐을 만들어내는 유전자에 이상이 생기면 콜라겐이 제대로 형성되지 못하거나 변형된 구조를 가질 수 있고, 그로 인해 뼈는 약해지고 잘 부러지게 된다고 했다. 그렇다면 반대로, 유전자 이상이 콜라겐을 '과잉' 생산하거나 좀 더 '강력한' 구조를 갖게 해 데이비드 던 같은 용가리 통뼈를 만들어낼 가능성은 없을까?

단언할 수는 없지만 그다지 확률이 높진 않다. 골형성 부전증의 경우 돌연변이로 인해 발생하는 것으로 알려져 있으며, 우성 유전이기 때문에 부모 중 한 명이 골형성 부전증인 경우 자식은 50퍼센트의 확률로 골형성 부전증에 걸릴 수 있다. 그런데 엔트로피의 법칙을 고려해보면, 마구잡이로 돌연변이가 일어날 경우 더 강력한 기능을 갖게 될 확률은 골형성 부전증처럼 정상적인 기능을 상실할 확률보다 훨씬 낮다. 그리고 설령 콜라겐 형성이 증가한다고 해도, 주변 뼈 조직과의 상호작용도 고려해야 하기 때문에 뼈가 더 튼튼해진다는 보장도 없다. 더구나 뼈의 강도에는 한계가 있어서, 열차 사고에도 끄떡없는 사람이 탄생하기는 더더욱 어려울 것이다.

그러나 확률은 어디까지나 확률일 뿐. 절대 불가능하다고 단정지을 순 없다. 만약 돌연변이가 좀 더 튼튼한 방향으로 발생할 수 없다면, 어떻게 생명체들이 환경에 적응하며 진화할 수 있겠는가! 그런데 흥미로운 것은 약간의 확률이라도 존재할 경우 골형성 부전증과는 전혀 다른 상황을 맞는다는 사실이다. 골형성 부전증은 조기 사망이나 신체적 결함 때문에 자식을 낳아 다음 세대에 유전자를 전달할 확률이 상대적으로 낮다. 그러나 슈퍼 통뼈 유전자는 일단 나타나기만 하면 다음 세대에 전해질 확률이 상대적으로 훨씬 높아진다.

3만 년 전 원시 시대에 데이비드 던 같은 사람이 있었다면, 얼마나 영웅 대접을 받았을까! 멧돼지가 들이받아도 끄떡없고 절벽에서 굴러도 걱정 없는 그는 그야말로 영락없는 추장감일 테고, 그렇게 되면 자식을 낳을 기회도 훨씬 많았을 것이다. 슈퍼 통뼈 유전자가 골형성 부전증처럼 우성 유전이라면 1000세대가 지난 지금쯤 우리 주변에는 번지점프를 하다가 머리를 찧어도 거뜬한 사람들이 한두 명쯤은 있게 되지 않았을까?

그러나 데이비드 던이 콜라겐이 철철 넘치는 슈퍼 통뼈 불사조라고 해도, 역기를 무지막지하게 드는 장면은 아무리 생각해도 물리적으로 무리한 설정이다. 세상에 누가 역기를 뼈로 드나? 역기를 드는 것은 단단한 뼈가 아니라 역기의 무게를 지탱할 만큼 힘이 센 '근육'이다.

그리고 또 하나 재미있는 것은 데이비드 던의 약점이 '물'이라는 사실이다. 골형성 부전증 환자의 경우 부력이 떠받쳐주는 물속이 재활 훈련을 받기에 아주 좋은 장소다. 그래서 의사들은 골형성 부전증 환자에게 물속에 자주 들어가 운동하길 권한다. 데이비드 던의 약점이 물이라는 설정은 돌연변이 슈퍼 통뼈가 '골형성 부전증의 반대말'임을 보여주는 은밀한 단서인 것 같아 영화를 보면서 미소를 지었다.

Cinema
16

세상에서 가장 작은 사람들

바로워즈
The Borrowers

분명히 제자리에 두었다고 생각한 물건이 온데간데없이 사라져서 한참을 찾아 헤맨 경험이 누구나 한 번쯤은 있을 것이다. 그러다가 갑자기 어딘가에 아무 일 없었다는 듯이 놓여 있는 걸 보면 정말 귀신이 곡할 노릇이라는 생각이 들곤 하는데, 유럽에는 이에 관한 재미있는 전설이 있다. 유럽 사람들은 사람처럼 생겼지만 크기가 생쥐 정도밖에 안 되는 존재가 집 안에 살고 있다고 믿었다. 그들은 가끔 그 집 안의 물건을 빌려 쓰고는 다시 제자리에 갖다 놓기 때문에 '바로워즈Borrowers(빌려 쓰는 사람들)' 라고 불린다. 바로 이 녀석들 때문에 사람들이 혹시 건망증에 걸린 건 아닐까 하고 걱정하게 되는 일이 생긴다는 것이다.

바로워즈에 관한 재미있는 영화도 있다. 메리 노턴Mary Norton의 소설을 원작으로 한 〈바로워즈〉는 1990년대 초 TV 시리즈로 제작돼 미국과 영국에서 큰 인기를 모았는데, 〈애들이 줄었어요Honey, I Shrunk the Kids〉나 〈마우스 헌트Mouse Hunt〉와 같은 가족 오락물 분위기가 물씬 풍기는 영화다. 렌더 가족의 집에는 클록 가족이라는 바로워즈들이 살고 있다. 어느 날 TV를 보려고 렌더의 아들 피트의 방에 갔던 바로워즈 가족의 딸 애리어티는 피트에게 잡히고 만다. 그 후 작은 사람들이 인간 사회의 일에 개입하게 되면서 벌어지는 소동과 쫓고 쫓기는 추격전이 코믹 활극처럼 펼쳐진다.

영화를 본 사람들은 문득 이런 생각을 했을지도 모르겠다. 사람이 과연 얼마나 작을 수 있을까? 바로워즈 정도 크기의 사람들이 현실에서 존재할 수 있을까? 이 질문에 대한 해답을 정확히 알 수는 없지만, 인도의 '굴 함메드' 라는 사람은 57센티미터, 멕시코 '루시아 자라테' 라는 여성은 67센티미터의 키로 기네스북에 오른 바 있다. 루시아는 20세에 겨우 5.9킬로그램이었는데, 이때가 가장 무거웠을 때라고 한다. 세상에서 가장 큰 사람으로 알려진 미국인 '로버트 와드로우' 의 키가 272센티미터였던 것과 비교해보면, 인간이라는 같은 종 안에서도 키 차이가 5배나 날 수 있다는 사실이 놀랍다.

이들의 키가 더 이상 자라지 않는 것은 '뇌하수체성 소인증' 이라고 해서 성장호르몬의 생성이 잘 안 되어 성장이 멈춰버리는 질병이 원인이다. 우리 세포 속에 있는 염색체 중 17번 염색체에는 뇌하수체에서 야간에 분비하는 인체 성장호르몬human growth hormone, HGH' 를 만들도록 지시하는 유전자가 있다. 이 유전자에 문제가 있는 경우 성장호르몬이 잘 만들어지지 않는다.

또한 성장호르몬이 충분히 분비되더라도 몸 안에서 제 기능을 못 한다면 성장은 이루어지지 않는다. 피그미족들이 바로 이런 경우다. 잘 알고 있다시피, 피그미족은 모두 키가 140센티미터를 넘지 못한다. 그들은 성장호르몬은 잘 분비되나, 그것을 받아들여 몸에서 기능을 하도록 하는 세포 수용체에 결함이 있어 성장호르몬이 제 역할을 다하지 못하는 것이다.

흔히 '난쟁이' 라고 불리는 이들이 걸리는 병인 왜소발육증, 혹은 형성장애증은 뇌하수체성 소인증뿐 아니라 연골발육 부전증, 영양실조 등 무려 29가지의 다양한 원인에 의해 발병한다. 그중에서도 특히 특정 유전자 이상으로 인해 골격의 성장이 이루어지지 않아 발육이 부진한 경우가 많다. 그런데 불행하게도 이것은 우성 유전이어서 부모 중의 한 명이라도 난쟁이면 자식은 난쟁이로 태어나거나 태어나기 전에 사망하고 만다.

조 페시나 데니 드 비토 같은 사람들은 영화배우 중에서 키가 유난히 작은 사람들로 통한다. 그러나 이들의 연기력과 재주는 198센티미터인 마이클 조던의 농구 실력 못지않다. '마이클 던' 이라는 키 117센티미터의 배우는 할리우드에서 대사를 가장 잘 외는 배우로 유명했다고 한다. 대본을 한 번만 읽으면 그대로 외울 정도였다고 하니, 가히 천재적이라고 할 만하다. 한편 피그미족들의 체력은 우리보다 훨씬 뛰어나다. 모두들 올림픽에 나가도 될 만큼 순발력과 근력이 좋다. 작은 고추가 맵다는 우리 속담은 아프리카에서도 통하는가 보다.

그렇다면, 세상에서 가장 뚱뚱한 사람의 몸무게는 어느 정도나 될까? 영화 속 인물 중에서 가장 뚱뚱했던 사람은 쉽게 떠오를 것이다. 바로 〈길버트 그레이프What' s Eating Gilbert Grape〉의 길버트 어머니가 아닐까? 길버트의 어머니는 7년 전 남편이 목을 매 자살을 한 뒤로 문 밖을 나간 적이 없다. 모든 스트레스를 집에서 먹는 것으로 풀며 밖에 나가지 않으니 운동도 별로 하지 못했다. 이렇게 정신적인 충격에 의해 식음을 전폐하거나 과식을 하는 정신 질환인 섭식 장애는 정신분열증과 치매, 우울증과 함께 미국에서 가장 심각한 정신병 중의 하나로서 미국 정신과에서 가장 많이 연구하고 있는 질병 중 하나다.

이제까지 세계에서 가장 무거운 사람은 존 브라우어 미노크라는 사람으로 가장 무거울 때는 무려 630킬로그램 남짓이었다고 한다. 보통 사람 몸무게의 10배나 된다. 1978년 3월 미노크가 시애틀 대학병원으로 검진을 받으러 왔을 때, 그는 심한 호흡기 장애와 심장 질환을 앓고 있었다. 병원까지 그를 운반하기 위해서 12명의 소방수가 필요했고, 두 개의 침대를 붙여서 잠자리를 만들었다. 그리고 그의 몸무게를 잴 수 있는 저울이 없어서, 내분비학자이며 전문의인 로버트 슈워츠Robert Schwartz 박사는 그가 먹는 음식물 섭취량과 배설물의 비율로 그의 몸무게를 계산했다고 한다.

키가 50센티미터밖에 안 되는 사람과 몸무게가 630킬로그램이나 나가는 사람. 많은 차이가 있는 것 같지만 다른 한편으로 생각해보면, 이보다 더 이상 작아지거나 턱없이 뚱뚱해지지 않는다는 사실은 '크기'가 생명 활동에 중요한 역할을 하고 있다는 사실을 상기시켜준다. 사람이 너무 작아지면 피부 면적에 비해 부피가 상대적으로 작아진다. 먹는 양은 부피에 비례할 것이므로, 피부로 빼앗기는 손실은 훨씬 더 커질 것이다. 너무 커지면 자신의 몸뚱이를 다리가 버텨내질 못하고, 심장은 머리끝까지 혈액을 펌프질해서 올려 보내기 힘들 것이다. 이렇듯 생명 활동을 위해서는 생물체의 크기가 함부로 변할 수 없다. 코끼리가 코끼리만 한 데는 다 이유가 있다.

| 동시상영 |

물랑루즈
화가 로트레크

영화 〈물랑루즈Moulin Rouge〉는 19세기 파리의 한 댄스홀인 물랑루즈를 배경으로 뮤지컬 가수이자 창녀인 샤틴과 가난한 작가 크리스티앙의 사랑을 그린 뮤지컬 영화다.

'붉은 풍차' 라는 뜻을 지닌 물랑루즈는 1889년 파리 몽마르트르의 번화가에 세워진 후 파리지앵들 사이에서 폭발적인 인기를 끌었다. '프렌치 캉캉' 이란 춤을 대유행시켰고, 잔 아브릴 같은 세계적인 무용수를 배출하기도 했다. 한때 불에 탔다가 영화관이 되기도 했던 물랑루즈는 지금도 몽마르트르에서 가장 유명한 댄스클럽이자 관광 명소로 자리하고 있다.

물랑루즈가 세계적인 관광 명소가 된 데에는 후기 인상주의 화가 툴루즈 로트레크Toulouse-Loutrec의 공이 크다. 영화 〈물랑루즈〉에서 두 주인공의 사랑을 이어주는 징검다리 역을 하는 예술가로 잠깐 등장하는 툴루즈 로트레크는 영화와는 달리 댄스홀 물랑루즈의 주인공이라 할 만하다.

1864년 대부호의 외아들로 태어나 유복한 환경에서 자란 그는 어린 시절부터 그림에 소질이 있었다. 그러나 14세 때 사고로 왼쪽 허벅지가 부러지고 2년 뒤 정원을 산책하다가 이번에는 오른쪽 다리가 부러진 후 성장이 멈추고 말았다.

당시 그의 키는 148센티미터. 이를 비관해 술로 하루하루를 보내던 그는 파리의 환락가 몽마르트르에 아틀리에를 차리고 13년 동안 물랑루즈와 그 주변의 술집과 매음굴을 소재로 그림을 그렸다. 특히 그가 그린 물랑루즈 포스터는 많은 사람들에게 강렬한 인상을 남겼고 물랑루즈를 세계적인 명소로 만드는 결정적인 계기가 된다.

과학자들 사이에서 로트레크는 유전학 교과서에 등장하는 화가로 더욱 유명하다. 로트레크가 걸렸던 왜소발육증은 유전적인 영향이 뚜렷한 질병이다. 기형이나 질병을 일으키는 유전자는 서로 한 쌍을 이루어야 발현하는 경우가 많다. 가까운 친척일수록 유해한 유전자를 함께 가지고 있을 확률이 높아서 이들끼리 결혼을 하면 그 자식이 유해 유전자를 한 쌍으로 물려받을 확률이 상대적으로 높아진다. 그의 부모는 사촌지간이었기 때문에 로트레크의 왜소발육증은 근친혼의 위험 사례로 자주 인용돼왔다.

왜소증에는 여러 종류가 있는데, 로트레크의 장애 원인에 대해서는 아직도 논란이 많다. 1962년 프랑스 의사 라미Lamy 박사는 로트레크가 '피크노디소스토시스pycnodysostosis'에 걸렸을 것이라는 추측을 내놨다. 이 병은 성장기에 조골세포에서 골격을 형성하는 단백질을 만드는 카텝신 K에 결함이 생긴 경우 걸리게 되는데, 이 병에 걸린 사람들은 쉽게 다리가 부러지고 이마가 툭 튀어나오며 머리가 아주 크고 치아가 좋지 않다는 특징이 있다. 로트레크 역시 이마가 튀어나왔고 머리가 비정상적으로 컸으며 평생 치통으로 고통받았다.

로트레크의 왜소증 유전 요인을 정확히 확인하기 위해 과학자들은 그의 여동생의 후손들에게 혈액 샘플을 제공해줄 것을 요청했지만, 후손들은 검사 받기를 꺼렸다. 그의 유해를 꺼내 뼛조각에서 DNA를 채취해 분석하는 것도 단번에 거절했다. 로트레크의 후손들은 그것이 명백히 사생활 침해며, 그의 예술 세계를 이해하는 데 아무런 도움이 되지 못한다고 판단한 것이다.

신체장애와 알코올중독에 조울증까지 앓은 로트레크는 37세에 생을 마감할 때까지 유화 737점, 판화와 포스터 368점, 스케치 5084점을 남겼다. 물랑루즈에서 황폐한 삶을 보냈던 그가 '육체의 고통을 예술로 승화시킨 가장 뛰어난 화가'였다는 데는 과학자들도 이견이 없을 것이다.

Cinema
17

딸아이 비만 방치는 유죄?

너티 프로페서
The Nutty Professor

몇 년 전 미국에서 비만인 딸이 화장실에서 넘어져 사망하자 그녀의 부모가 기소된 사건이 있었다. 비만을 방치한 부모에게 그 죄를 물은 것이다. 이 사건은 비만이 얼마나 위험할 수 있는가에 대한 하나의 예가 될 텐데, 비만이 위험한 것은 몸을 주체하기 힘들 만큼 비대해지기 때문만은 아니다. 비만은 인체의 정상적인 생명 활동에 지장을 주며, 심장병에서 뇌졸중에 이르기까지 심각한 질병을 야기할 수 있다.

미국의 비만 실태는 매우 심각하다. 20세 이상 성인 남녀의 25퍼센트가 임상적으로 비만이며, 비만 직전의 체중 과다 상태까지 포함하면 그 비율은 50퍼센트에 달한다. 비만 치료나 비만으로 인한 생산력 저하로 초래되는 손실이 연간 84조 원에 이르며, 한 해에 다이어트로 사용되는 돈만도 5조 원이나 된다.

이쯤 되면 왜 〈너티 프로페서〉라는 코미디 영화가 미국에서 그토록 큰 인기를 끌었는가를 짐작할 수 있을 것이다. 대학에서 유전학을 가르치는 교수(에디 머피)가 이 영화의 주인공인데, 이 교수는 체중이 무려 180킬로그램이나 된다. 그러니 여자들은 보기만 해도 도망가고 학교에서도 따돌림을 당한다. 영화는 이 왕따 교수가 한 알만 먹으면 몇 시간 동안 날씬하게 만들어주는 알약을 개발하면서 겪게 되는 해프닝을 재미있게 보여준다. 물론 알약 하나로 갑자기 살이 쫙 빠진다는 것은 아무리 너그럽게 봐준다고 해도 지독한 과장이라는 생각이 들지만, 미국인들에게 이보다 더 큰 대리 만족을 주는 영화가 어디 있겠는가?

식욕을 느끼는 것은 배가 아니라 뇌다

살은 왜 찌는 걸까? 잘 알고 있듯이 정답은 너무 많이 먹어서다. 너무 많이 먹어서 사용하고 남은 칼로리가 지방의 형태로 바뀌어 살이 되는 것이다. 남자의 경우 지방의 양이 몸 전체 부피의 20퍼센트가 넘을 때, 여자는 30퍼센트가 넘을 때, 임상적으로 비만이라고 한다.

그렇다면 왜 적당히 먹지 않고 지나치게 많이 먹는 걸까? 여기에도 이유가 있다. 사람들은 흔히 '배가 부르다' 혹은 '배가 고프다' 고 말한다. 그러나 배 속에 음식물이 얼마나 들어 있는가로 식욕이 결정되는 것은 아니다. 위궤양으로 위를 온통 들어낸 사람에게도 식욕은 있다. 실제로 식욕을 느끼는 것은 배가 아니라 '뇌' 다. 뇌의 '시상하부' 라는 곳에는 '먹어라' 하고 명령을 내리는 섭식 중추와 '그만 먹어라' 하고 명령을 내리는 만복 중추가 있어서 그 상호작용으로 식욕이 통제된다. 실험에서 쥐의 만복 중추를 파괴하자 먹이를 주는 대로 먹어치워 금세 살이 쪘다고 한다.

이런 실험 결과도 있다. 두 마리 쥐의 혈관을 연결하여 혈액이 서로 통하도록 만든다. 그러고 나서 한쪽 쥐의 입에 튜브를 연결하여 뚱보가 되도록 억지로 음식물을 먹인다. 그렇게 되면 그 쥐는 뚱보가 되지만, 혈관이 연결된 다른 쥐는 음식을 전혀 먹지 않아 빼빼 마르게 된다. 뚱보 쥐의 몸에 지방이 너무 많다는 신호가 혈관을 통해 다른 쥐에게로 전달되었기 때문에 그 쥐는 식욕을 잃고 음식물을 먹지 않게 된 것이다.

사람의 몸에 음식물이 들어오면 만복 물질이 그 정보를 신경과 혈액을 통해 뇌로 운반해서 식욕을 억제한다. 만복 물질이 만복 중추를 자극하면 사람은 배가 부르다고 느낀다. 현재 '렙틴leptin' 과 '히스타민histamine' 이 만복 물질의 후보로 거론되고 있다.

결국 쉽게 포만감을 느끼느냐 혹은 그렇지 않느냐가 비만 여부를 결정하는 중요한 요소가 되는 것인데, 그렇다면 그 차이는 어디서 오는 것인가? 비만의 원인은 여러 가지가 있지만, 뚱뚱한 부모 밑에 뚱뚱한 아이

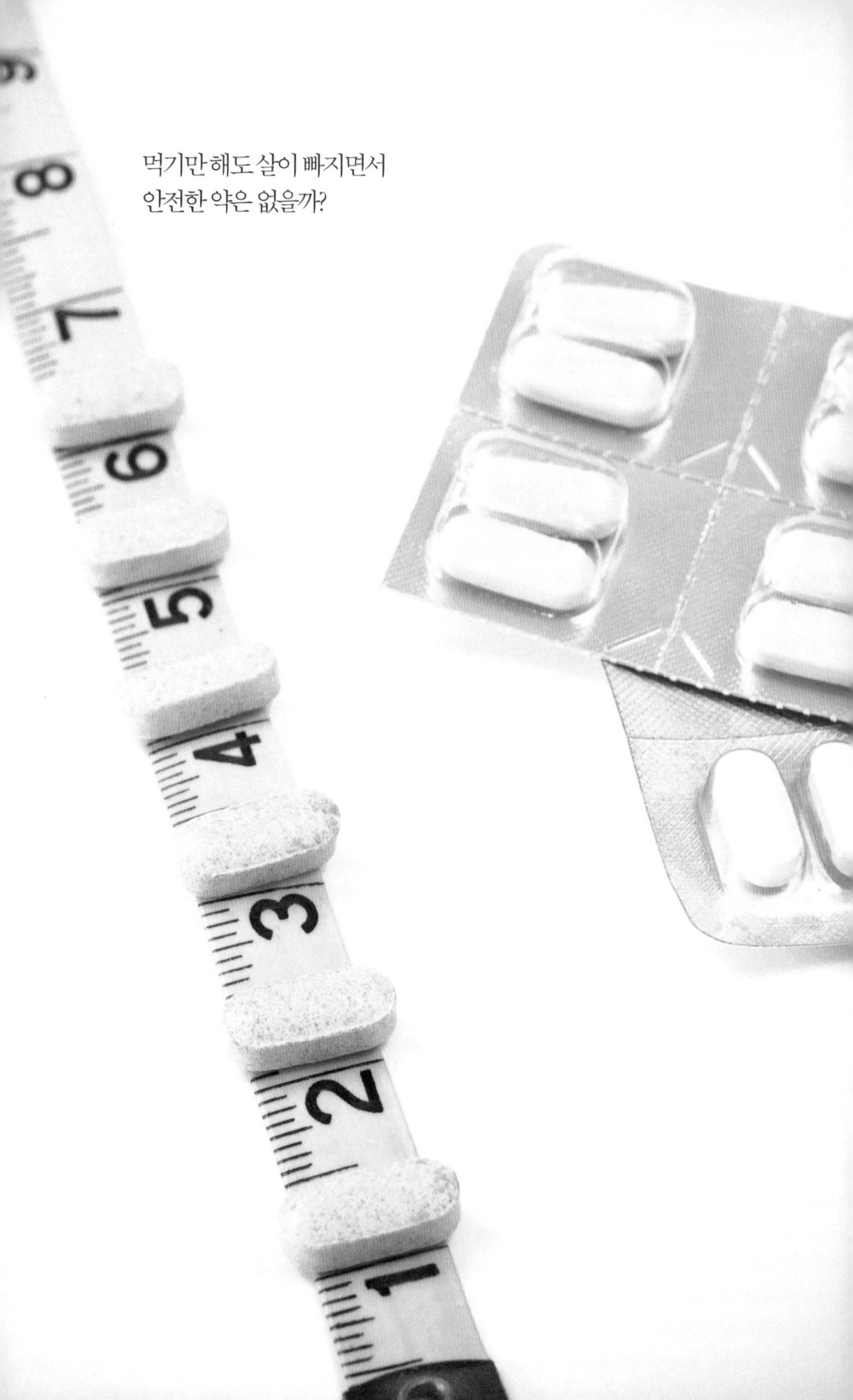
먹기만 해도 살이 빠지면서
안전한 약은 없을까?

들이 많다는 사실에서 알 수 있듯이 유전적인 요인이 약 30퍼센트 정도 된다. 예를 들면, 만복 물질을 만드는 유전자가 돌연변이를 일으켜 생성되지 않게 된 쥐는 아무리 먹이를 먹어도 포만감을 느끼지 못해서 다른 쥐보다 몸무게가 몇 배나 증가한다. 여기에 환경적인 요인(많이 먹는 친구를 사귀면 덩달아 살찐다!)과 대사 장애 등도 비만의 원인이 된다. 대사 장애란 과다하게 섭취된 칼로리가 단백질이나 포도당이 아니라 지방으로 저장되는 경향을 말한다.

최근 과학자들은 쥐의 비만 유전자를 찾아냈다. 분리된 유전자의 구조에서 염기 서열을 살펴보니 만복 물질로 추정되는 호르몬을 생성하는 유전자의 특징을 갖추고 있었으며, 쥐를 굶기면 이 유전자의 발현이 증가했다. '비만' 돌연변이 쥐가 된 것은 이 유전자가 기능을 잃었기 때문이라는 사실도 확인했다.

그 후 분자생물학자들은 생쥐의 비만 유전자를 이용해서 사람의 비만 유전자를 찾는 작업에 착수했고, 결국 생쥐의 비만 유전자와 비슷한 구조를 가진 유전자를 사람에게서도 찾아냈다. 아직 좀 더 많은 연구들을 남겨놓고 있긴 하지만 이 자체만으로도 흥미로운 일이 아닐 수 없다.

약 한 알로 살을 뺀다?

비만을 막는 방법에는 운동 요법이나 식이 요법, 수술 요법 등 다양한 방법이 있다. 그러나 사람들이 가장 관심을 갖는 방법은 영화에서처럼 알약 하나로 간단히 해결할 수 있는 방법일 것이다. 다른 치료 요법은 아무래도 고통스러울 테니까.

현재 살 빼는 약 중에서 미국 식품의약국FDA의 승인을 받은 약은 팬플루라민Fenfluramine과 리덕스Redux가 있다. 팬플루라민은 1973년 와이어스 에어스트 사가 만들어 승인을 받았고, 리덕스는 인터뉴런 파머슈티컬스 사가 개발하여 1996년 4월에 승인을 받았다. 이 두 비만 방지 약품은 '세로토닌'이라는 신경전달물질을 흡수해서 세로토닌의 체내 농도를 낮춤으로써 식욕을 억제하는 기능을 한다.

세로토닌은 의학자들 사이에서 최근 가장 활발히 연구되고 있는 신경전달물질 중의 하나다. 세로토닌은 정서에 관련된 신경세포의 활동을 조절하는 신경전달물질로서, 체내 세로토닌의 양을 조절하면 인간의 감정을 변화시킬 수 있다. 세로토닌의 양이 줄어들면 식욕과 수면이 감소하지만 우울증에 걸릴 위험도 있다. 그래서 세로토닌의 양을 조절하는 약은 식욕과다증이나 비만증으로 고생하는 사람들뿐 아니라 우울증에 걸린 사람들에게 항우울제로 사용되기도 한다. 정신과에서 우울증 환자에게 주는 약 중에 '프로잭Prozac'이라는 약이 '선택적 세로토닌 재흡수 억제제'로서 대표적인 것인데 신경계에 분비된 세로토닌 농도를 증가시키는 역할을 한다(그러나 함부로 먹어서는 안 된다. 프로잭을 복용하는 남자는 성에 대한 관심이 떨어지고 오르가즘을 잘 느끼지 못할 가능성이 있다는 보고가 있다).

그런데 문제는 이 두 약에 부작용이 있다는 사실이다. 1997년 팬플루라민과 리덕스가 심장병과 폐 질환을 야기할 수 있다는 연구 보고가 있자, 미국 당국은 이 약품들에 대해 판매 금지 조치를 취했다. 이 약품들은 심장으로 통하는 밸브에 하얗고 반짝이는 얇은 막을 형성하여 심장병을 일으키는 부작용을 유발하는데, 이 병은 이전에는 관찰된 적이 없는 질병일 뿐 아니라 회복이 거의 불가능한 것으로 알려져 있다.

비록 살 빼는 약이 FDA의 승인을 받긴 했지만, 아직 문제가 많이 있다. FDA의 승인을 받은 약으로 인해 문제가 생겼을 때 회사는 그 책임을 피할 수 있다는 내용의 피해 보상 법안이 마련되어 있어서, 이 약품으로 인해 질병에 걸린 피해자들의 문제가 법적으로 어떻게 해결될지는 아직 알 수 없는 일이다.

비만을 약으로 해결하는 방법이 결코 좋은 방법이 아니라는 사실은 누구나 잘 알고 있을 것이다. 식생활을 조절하고 적당한 운동을 통해 비만을 미리 방지하는 것. 그것보다 더 좋은 방법이 또 있을까! 그러나 한편으로 이러한 약을 개발하고 복용하는 것에 대해 심한 거부감을 가질 필요는 없다. 비만도 질병이므로 감기처럼 약으로 치료할 수도 있는 것이다. 비만 자체가 심각한 질병을 일으킬 수 있는 위험한 상태라는 사실을 유념하면서, 약의 위험성과 비만 자체의 위험성을 잘 저울질해 신중히 판단하는 현명함이 필요하다.

Cinema
18

유전자 조작이 만들어낸 웃을 수만은 없는 코미디

트윈스
Twins

영화 〈트윈스〉는 생명공학 회사의 유전자 조작으로, 우성 인간 아널드 슈워제네거와 그의 예기치 않은 돌연변이 데니 드 비토가 쌍둥이로 태어나면서 시작된다. 둘은 뒤늦게서야 자신들이 한 유전공학 회사에 의해 실험적으로 만들어진 존재라는 사실을 깨닫고, 전혀 어울리지 않는 서로가 쌍둥이였다는 사실을 인정하게 된다.

〈트윈스〉는 유전자 조작만으로 원하는 인간형을 만들어낼 수 있다는 사실이 섬뜩하게 와 닿았던 영화다. 영화는 시종일관 즐겁고 유쾌한 코미디 형식으로 이어지지만, 결말까지 보고 나면 그냥 웃을 수만은 없게 된다. 영화 속 이야기가 그저 황당한 이야기인 것만은 아니기 때문이다.

1970년대부터 이어져온 생명공학의 성과는 문자 그대로 '신화'적인 것이었다. 생명공학자들은 유전자 조작으로 반인반수의 괴물이나 사자머리에 뱀 꼬리를 가진 키메라 같은 신화적 존재들을 자신의 실험실 배양관에서 만들어낼 수 있는 능력을 가지게 되었다. 그들의 상상력 또한 고대 인도인이나 그리스인의 신화적 상상력을 능가하는 것이었다. 그들은 모유를 만들어내는 젖소를 탄생시켰고, 가자미와 토마토를 섞어 추위나 서리에 강한 슈퍼 토마토를 만들어냈다. 신화를 현실로 만든 이들 과학자들을 우리는 '유전공학자'라 부른다. 유전공학자들은 유전자를 조작하여 인간에게 필요한 새로운 품종을 만들어내는 유전공학을 연구하는 사람들이다.

유전자 조작 상품의 시장 규모가 계속해서 커지고 있다는 점을 감안하면, "유전자를 지배하는 자가 21세기를 지배한다"라는 미래학자 제러미 리프킨의 주장이 정확하게 들어맞을 확률은 높아진다. 그러나 우리나라에서 사회적인 문제가 되기도 했던 '유전자 조작 콩 수입' 사건에서 보듯, 가까운 시일 안에 유전공학으로 빚어낸 상품들이 사회적으로 환영받게 될 것 같지는 않다. 신화 속에서 '키메라'는 신비한 존재지만, 현실의 그것은 흉측한 기형 동물에 다름 아니기 때문이다.

무르지 않는 토마토, 유전공학을 단단하게 만들다

유전공학의 역사는 1970년대 초반으로 거슬러 올라간다. 당시 아버Werner Arber, 스미스Hamilton O. Smith 등의 과학자들은 자연 상태의 세균에서 DNA를 자르는 가위인 '제한효소'와 잘라낸 DNA를 연결하는 풀인 '리가아제'라는 효소를 잇달아 발견했다. 이로써 생명공학자들은 원하는 유전자 부위를 잘라내 체외로 분리한 다음 이를 다른 유전자와 재조합해 다른 세포에 도입·발현시키는 기술을 익히게 되었다. 이것이 바로 유전공학의 시작이다. 이때부터 유전공학자들은 '키메라 생물'이라는 애칭을 붙인 유전자 조작 생물living modified organism, LMO, 즉 유전자를 변형하거나 재조합하여 만든 식물·동물·미생물들을 탄생시키기 위한 연구에 들어갔다.

1994년 세계 최초로 상품화한 유전자 조작 식품 '무르지 않는 토마토'(상표명은 Flavr Savr)의 예를 들어보자. 토마토가 시간이 지나면 물러지는 것은 '폴리갈락투로나아제polygalacturonase'라는 효소 때문이다. 이 효소가 과일을 단단하게 만드는 효소인 펙틴질을 분해하기 때문에 시간이 지날수록 토마토가 물러지는 것이다. 그래서 고안해낸 방법이 바로 '안티센스 기법'. 폴리갈락투로나아제의 유전자를 분리한 다음 원래 유전자가 있던 방향과 반대되게 유전자를 합성하여 주입하면, 펙틴질이 분해되지 않는 무르지 않는 토마토가 만들어지게 된다.

비슷한 방법으로 서리에 강한 토마토를 만들 수도 있다. 토마토는 원래 서리에 약하다. 하지만 차가운 바다에서도 끄떡없는 가자미는 추위에 강하다. 그렇다면 이런 가자미의 '항빙결 유전자'를 토마토에 주입하면 '서리에 강한 토마토'를 만들 수 있지 않을까? 유전공학자들은 이와 같은 방법으로 '서리에 강한 토마토'를 만드는 데에도 성공하였다. 또한 감자 뿌리를 가진 토마토인 '포마토'는 이미 우리에게 친숙한 유전자 조작 식물 중의 하나다. 유전공학이 이렇게 현대의 연금술로 자리 잡은 걸 보면, 그 끝을 알 수 없는 미래를 상상하게 하는 제러미 리프킨의 말이 과장이 아니라는 생각이 들기도 한다.

유전자 조작의 나비효과

그러나 이러한 낙관적인 전망에도 불구하고, 유전공학의 미래는 그렇게 밝지만은 않을 것 같다. 유전자를 조작한 상품에 대해 시민·사회단체의 반대가 만만치 않기 때문이다. 1990년대 들어서부터 미국과 유럽의 환경 · 소비자 · 종교 단체들은 유전자 조작 생물체가 인체와 생태계에 끼칠 위험을 강도 높게 경고해왔다.

우선 유전자 조작 식품은 인체에 유해한 영향을 미칠 가능성이 있다. 오래전부터 유전자 조작 식품은 알레르기 또는 독소를 발생시키거나 항생제에 내성을 일으킬 가능성을 지적받아왔다. 지난 1992년 일본 쇼와덴코 사가 유전자 조작으로 생산해낸 단백질 '트립토판'을 복용하고 30여 명이 목숨을 잃은 사건이 그 대표적인 사례다. 유전자 조작 식품의 안전성이 100퍼센트 입증되지 않는 한, '안전할 권리'를 가진 소비자는 이를 거부할 권리가 있다고 소비자 단체들은 주장한다.

유전공학자들은 유전자 조작 기술이 인류를 굶주림에서 구원할 것이라는 숭고한 믿음을 가지고 있지만, 그것이 그렇게 설득력 있어 보이지는 않는다. 현재 전 세계적으로 식량은 남아도는 실정이다. 아프리카 등지의 기아 사태는 곡물 수확량이 부족해서가 아니라 전 지구적인 분배 시스템에 문제가 있기 때문이다.

다음으로 유전자 조작 생물체가 생태계에 미칠 악영향을 꼽을 수 있다. 지구상의 생물은 약 38억 년에 걸쳐 서서히, 그러나 꾸준히 진화해왔다. 그런데 유전자 조작 기술은 동일종이 아닌 이종 간의 유전자를 뒤섞어버림으로써 진화의 속도를 비정상적으로 가속화하고 있다. 문제는 이 과정에서 자연 진화 과정을 밟던 생물종들이 멸종할 가능성이 있다는 점이다.

유전자 조작으로 인해 제초제에 내성을 갖게 된 곡물은 야생종보다 우수한 생존 능력을 보일 것이다. 또 이 곡물이 근연 관계에 있는 잡초들과 이종 교배라도 일으킨다면 '슈퍼 잡초'가 탄생될 것이고, 제초제에 비정상적으로 강한 이들은 더욱 강력한 제초제의 출현을 부를 것이다. 이와 같은 유전자 조작 생물체가 생태계를 교란할 잠재적 위험성을 갖고 있다는 점에는 과학자들도 동의한다.

종교 단체들도 유전자 조작 기술을 반대한다. 신의 고유 권리를 침해하는 것이라는 주장에서부터 우리나라에서도 성공한 장기 이식용 돼지 생산의 경우처럼, '사람의 심장을 가진 돼지'를 만들어 인간의 존엄성을 위협하는 과학기술은 범죄 행위라는 주장이 나올 정도로 반대가 만만치 않다. 심지어 회교도가 돼지의 성장 유전자를 끼워넣은 채소를 먹어도 될 것인가 하는 문제가 제기되기도 했다.

이 같은 반대 여론에도 불구하고 여전히 유전공학이 미래를 지배할 것이라고 생각하는 사람이 있다면, 그는 기술이 세상의 모습을 결정한다고 믿는 기술결정론자일 것이다. 유전공학으로 인해 탄생한 유전자 조작 식품에 대한 반감이 사라지지 않는 한, 유전공학의 미래를 지난 1980년대 유전공학자들의 기대만큼 낙관하기는 힘들 것 같다. 언젠가 유전공학을 전공한 선배 박사에게 10년 후쯤에는 유전공학이 세상을 지배할 것이라는 미래학자들의 추측에 대해 어떻게 생각하느냐고 물었던 적이 있다. 그는 이렇게 대답했다. "그런 주장은 이미 20년 전부터 나오던 얘기인데, 우리는 다시 20년 후를 기약하지 않으면 안 될 것 같다."

Cinema
19

유전공학으로 고양이보다 똑똑한 쥐 만들기

톰과 제리
Tom and Jerry

1999년 3월 22일 '미국 만화 영화의 전설'이었던 윌리엄 해나William Hanna가 90세의 나이로 세상을 떠났다. 그는 단짝 조지프 바버라Joseph Barbera와 함께 〈톰과 제리〉, 〈고인돌 가족 플린스톤The Flintstones〉, 〈더 젯슨스The Jetsons〉 등 숱한 화제작을 비롯한 3천여 편의 TV용 애니메이션을 제작, 감독한 미국 만화 영화계의 거목이었다. 그는 TV 시리즈 〈톰과 제리

〉로 아카데미상을 일곱 번이나 수상했으며, 〈허클베리 하운드와 친구들Huckleberry Hound and Friends〉로 애니메이션 시리즈로는 처음으로 에미 상을 수상하기도 했다.

특히 해나가 감독을 맡고 바버라가 그림을 그린 〈톰과 제리〉는 '고양이는 강자요, 쥐는 약자' 라는 고정관념을 깨고 영리한 쥐가 순진한 고양이를 골탕먹이는 기발한 설정으로 폭발적인 인기를 끌었다. 〈톰과 제리〉를 보지 않고 자란 어린이가 얼마나 있을까 싶을 정도로 많은 인기를 누렸지만, 아동물로는 너무 폭력적이라는 이유로 미국의 일부 주에서는 방영이 금지되기도 했다. 한편에서는 시청자들로부터 톰이 불쌍하다는 동정론이 일기도 했고 말이다. 톰Tom은 원래 영국인에 대한 애칭이며 제리Jerry는 독일인에 대한 애칭이기도 해서, 세계대전 이후 더욱 앙숙이 된 영국인과 독일인의 관계를 패러디했다는 뒷이야기도 있다.

그러고 보면 영화 속에 등장하는 쥐들은 유난히 머리가 좋고 똑똑하다. 영화 〈스튜어트 리틀Stuart Little〉이나 〈마우스 헌트〉만 봐도 그렇다. 리틀 씨 부부의 입양아가 된 생쥐 스튜어트는 아들 조지가 요트 대회에서 우승하는 데 결정적인 도움을 주고, 앙숙이던 고양이 스노벨과도 친구가 되면서 당당히 가족의 일원이 된다. 백인 주류 사회 내 소수 민족 문제를 연상시키는 이 영화는 영국식 악센트가 두드러진 아버지 리틀 씨 역의 '휴 로리' 덕에 다른 '종' 까지도 한 가족으로 포용하겠다는 앵글로색슨의 오만한 관용을 노골적으로 드러냈다는 비판을 받기도 했지만, 어쨌든 이 영화에서도 길이 10센티미터, 몸무게 350그램의 생쥐 스튜어트가 스무 배나 더 큰 고양이 스노벨보다 한 수 위다. 〈마우스 헌터〉에 나오는 쥐 역시 사람들에게 절대 잡히지 않을 정도로 영특하고 똑똑하다.

실제로 쥐가 고양이나 개보다 IQ가 더 높다는 객관적인 증거는 없지만, 흥미로운 것은 유전공학을 이용해 고양이를 골탕먹일 만큼 똑똑한 쥐를 탄생시키는 것이 현실적으로 가능하다는 연구 결과가 발표됐다는 사실이다. 프린스턴 대학교 분자생물학과 교수인 조 치엔Joe Z. Tsien 교수는 TV 외화 시리즈 〈천재 소년 두기Doogie Howser, M.D.〉에서 이름을 따온 '두기Doogie' 라는 쥐를 이용해 흥미로운 실험을 했다. 그는 두기의 세포에 새로운 유전자를 삽입해 'NR2B' 라는 단백질을 보통 쥐보다 더 많이 생산하도록 만들었다. 그랬더니 쥐가 미로를 빠져나오는 데 걸리는 시간이 훨씬 단축되더라는 것이다. 쥐의 기억력이 좋아진 것이다.

그렇다면 유전자 조작 이후 두기의 머리에선 어떤 일이 벌어진 것일까? 뇌에는 학습과 기억을 담당하는 '해마' 라는 영역이 있다. 해마 안에 위치한 세포들이 학습한 내용들을 기억하는 과정에는 'NMDA 수용기' 라는 스위치가 관여된다. NMDA 수용기가 열리면 세포들은 그 사이로 신호를 주고받으며 학습된 내용을 전기 신호의 형태로 간직하게 된다. NR2B 단백질은 이 스위치가 열려 있는 시간을 조절하는 물질로서, 그 양이 증가하면 스위치가 열려 있는 시간도 늘어나 학습과 기억의 효율이 높아지게 된다. 과잉 생산된 NR2B 단백질 덕분에 두기는 미로를 빠져나오는 방법을 쉽게 찾아낼 수 있었던 것이다.

1999년 9월 〈네이처〉의 표지를 장식했던 이 연구는 '더 똑똑해진 쥐 만들기Building A Smarter Mouse' 라는 제목으로 미국 일간지의 머리기사로도 다루어졌다. 알츠하이머 치매나 정신박약과 같은 정신 질환을 치료할 수 있는 약 개발에 응용될 수도 있어 학계에서도 커다란 주목을 받았다.

그러나 인간에게 적용할 경우(치엔 교수의 실험만으로 이 기술을 사람에게 적용하는 것이 가능하리라고 믿는 것은 섣부른 판단이긴 하지만), '유전자 조작으로 아이의 지능을 높일 수 있다' 는 가능성을 제시한 것이기도 해서 미국 사회에서 윤리적인 논쟁을 불러일으키기도 했다. 가까운 미래에 유전자 조작으로 우성인간을 만들어낸다는 영화 〈가타카〉의 설정이 실제가 될 수도 있다는 얘기다. 또 NMDA 수용기가 늘어날 경우 뇌졸중이 발생할 확률이 높아져 위험할 수 있다는 경고도 끊이질 않고 있다.

이제 인간은 자연의 법칙을 거슬러 '고양이에게 덤비는 쥐' 를 유전자 조작으로 만들 수 있게 됐다. 톰과 제리가 황당한 만화 속 설정에서 현실로 뛰쳐나올 수 있는 다리를 유전공학이 제시한 것이다. 내게 만약 이 기술을 통제할 수 있는 권한이 있다면, 톰의 유전자를 조작해 제리에게 복수할 기회를 주는 일 외에는 절대 함부로 사용하지 못하게 하겠지만 말이다.

Cinema
20

인간 복제 기술은 도마뱀 인간을 만든다?

멀티플리시티
Multiplicity

1997년 2월 복제 양 돌리를 탄생시킨 영국의 로슬린 연구소는 1999년 1월 19일 인간 배아를 이용한 이식용 장기 생산을 추진하겠다는 발표를 한 바 있다. 태아로 성장하기 전의 인간 배아에서 얻은 분화 전 모세포를 배양해두었다가 세포 내에 이식시켜서 질병 치료에 이용하겠다는 것이었다. 이 사업은 그동안 유전자 복제를 통한 인간 재창조를 금지해온 영국 보건부가 질병 치료를 목적으로 하는 인간 유전자 복제는 허용하기로 방침을 바꾼 결과 가능하게 됐다. 그 후 외계인이 UFO를 보낸다고 믿는 사람들이 설립한 '클로나이드'란 인간 복제 회사도 인간 복제 연구를 하겠다고 공표한 후 연구를 진행시키고 있으며, 심지어 한국의 과학자들을 모집한다는 광고를 신문에 내기도 했다.

SF 영화는 훨씬 전부터 인간 복제 가능성을 점쳐왔지만, 인간 복제 기술에 대해 제대로 된 상황 설정이나 긍정적인 비전을 제시하지 못했기 때문에 사회적으로 복제 기술 자체에 대한 깊은 오해를 불러일으켰다. 사람들이 '인간 복제' 하면 제일 먼저 '히틀러 대량 복제'를 떠올리게 된 것도 바로 SF 영화의 영향 때문이 아닌가 싶다.

복제 인간은 붕어빵이 아니다

〈블레이드 러너Blade Runner〉는 인간이 복제 인간을 만들어 노동자로 부려먹을 것이라고 가정한다. 그러나 영화 속에서 묘사되는 복제 인간 리플리컨트Replicant(복제품)는 엄밀한 의미에서 복제 인간이라고 보기 힘들다. 복제 인간에겐 어린 시절이 없다는 이상한 가정을 만들어낸 것도 바로 이 영화의 큰 오류다. 어린 시절이 없는, 그래서 그때에 대한 기억이 없는 복제 인간은 있을 수 없다. 복제 인간은 붕어빵을 구워내듯 찍어내는 것이 아니기 때문이다. 복제 인간은 유전자가 똑같은 개체가 여럿 존재할 수 있다는 것만 다를 뿐, 보통 사람이 성장하는 과정에서 겪는 모든 경험들을 그대로 겪는다. 〈멀티플리시티〉나 〈저지 드레드Judge Dredd〉에서도 마찬가지 오류를 범하고 있다. 이 영화들은 한결같이 한순간에 복제 인간을 만들어낼 수 있는 듯한 상황을 설정해놓고 있다.

또한 〈블레이드 러너〉와 같은 영화 속 미래 사회에서는 복제 인간을 멸시하는 인간들의 비인간적인 행위와, 자신의 정체성 때문에 고뇌하는 복제 인간의 모습이 자주 묘사된다. 그러나 인간 복제 기술은 복제 인간들을 마구 만들어내서 함부로 부려먹기 위해 연구되고 있는 것이 아니며, 또한 고민할 필요도 없이 복제 인간도 당연히 인간이다.

과학자들이 복제 인간 기술에 열광하는 진짜 이유

돌리가 생식세포가 아닌 체세포를 이용한 복제를 통해 태어났다는 사실은 이젠 여성 혼자서도 생명을 만들 수 있다는 점을 시사한다(남자는 수정란을 착상시킬 자궁이 필요하다). 남자와 여자의 결합이 아닌 문자 그대로 '복제'의 형태로 생명이 탄생할 수 있다는 얘기다. 그러나 돌리 탄생의 진정한 의미는 이미 분화가 끝난 체세포를 다시 역분화시키는 것이 가능하다는 데 있다.

학문적으로 복제 양 돌리의 탄생은 발생생물학의 오랜 연구를 송두리째 흔들어놓았다. 〈네이처〉에 복제 양 돌리에 관한 논문이 실리기 전까지 발생생물학의 모든 교과서에는 포유류의 체세포 복제는 불가능하다고 설명되어 있었다. 우리의 몸은 수정란이 분화하여 생긴 수많은 세포들로 이루어져 있으며, 면역세포와 같이 예외적인 특수 조직을 제외하면 모두 같은 유전자 조성을 가지고 있다. 세포들이 체내의 서로 다른 위치에서 다른 기관이나 조직으로 분화하는 이유는, 분화 과정에서 DNA의 서로 다른 영역이 각각의 형태로 발현하여 분화 세포를 만들기 때문이다. 그리고 이러한 분화 과정은 비가역 과정, 그러니까 다시 되돌릴 수 없는 과정으로 여겨져왔다.

그러나 돌리의 탄생 과정에서 보듯, 체세포를 난자에 이식하여 만든 수정란이 다시 분화하여 생명체가 탄생했다는 것은 이미 분화가 끝난 체세포의 역분화가 가능하다는 것을 증명한 셈이다. 원래의 줄기세포(여러 종류의 특수 세포로 분화할 수 있는 모세포)로 돌아갈 수만 있다면, 분화 과정에서 문제가 생겨 발생한 기형 및 여러 질병들도 치료할 수 있게 된다. 암이 그 대표적인 예라고 할 수 있는데, 암이란 간단히 말해서 분화가 잘못되어 생기는 질병이다. 따라서 종양에 손상된 조직을 대체할 세포를 이식하면 암을 치료할 수 있을 것으로 과학자들은 내다보고 있다.

또 팔이나 다리가 잘린 사람의 말단 세포에 팔과 다리 형태에 대한 정보를 넣어주면, 세포 분화가 새롭게 이루어져 다시 팔과 다리를 얻을 수도 있을 것이다. 이것은 굉장히 획기적인 연구라고 할 수 있는데, 이제는 인간도 도마뱀이 손상된 안구나 잘린 꼬리를 재생하듯 팔이나 다른 기관 등을 새로이 만들 수 있게 될지도 모른다.

생명 연장에도 복제 기술이 이용될 수 있다. 우리가 늙는 것은 분화된 세포의 수명이 다하기 때문이 아니라, 줄기세포가 더 이상 수적 · 양적으로 분화 세포를 만들 수 없어서다. 체세포의 DNA를 난자에 집어넣어 복제 양 돌리를 만든 방법인 '핵치환 기술'은 분화된 세포를 이용해 자신의 줄기세포를 새로 만들어 장수할 수 있음을 예고한다.

해결되지 않은 쟁점들

인간 유전자 복제 기술은 21세기 우리의 삶에서 질병을 몰아내는 데 큰 기여를 할 것으로 기대된다. 그러나 줄기세포를 이용한 연구에 대한 비판 또한 만만치 않다. 줄기세포를 얻기 위해서는 반드시 인간의 배아를 파괴할 수밖에 없기 때문이다. 정자와 난자가 하나의 수정란으로 합쳐지면, 유사 분열로 둥근 세포 덩어리가 형성된다. 세포 분열이 계속되면 수정란은 차례로 포배와 낭배를 형성한다. 수정 후 2주가 되면, 낭배는 배아가 되고 배아 시기 동안 모든 장기가 형성된다. 수정 후 8주가 되면 태아가 되는데, 이 시기에 장기는 단순히 양적인 성장을 한다. 따라서 수정 후 2주가 인간과 세포 덩어리를 구분짓는 중요한 시기라고 볼 수 있다. 더 이상 성장 과정을 밟지 않으면 배아는 세포 덩어리일 뿐이라고 주장하는 생명공학자들과는 달리, 시민 단체들은 배아도 인간으로 성장할 수 있는 잠재적인 생명체로 봐야 한다고 주장하며 팽팽히 맞서고 있다.

영국 정부가 배아 복제를 승인하고, 미국 국립보건원이 줄기세포를 이용한 실험에 연구비를 지원하기로 결정한 것은 양국 정부가 일단은 생명공학자들의 '세포 덩어리' 주장에 손을 들어준 것으로 해석되지만, 이에 대한 시민 단체들의 반발이 거세다. 게다가 거대 생명공학 기업들이 치료용 태아 복제 연구에 기금을 대고 있는 상황에서 인간 복제 기술의 무차별적인 상업적 이용 가능성도 배제할 수 없다. 어떤 기술이든 권력과 자본으로부터 벗어나긴 힘들다는 역사적 교훈을 염두에 두고 볼 때, 복

인간 복제 기술은 똑같이 생긴 인간을 마구 찍어내어
함부로 부려먹기 위해 연구되고 있는 것이 아니다.

제 기술의 전망은 그렇게 밝지만은 않다.

게다가 유전자 복제 기술의 안전성이 아직 검증된 상태가 아니라는 것도 큰 문제다. 돌리의 화려한 탄생 이전에는 277번의 실패가 있었으며, 우리나라의 복제 소 영롱이도 1만 5000번의 실패를 등에 업은 결과라는 사실을 잊지 말아야 할 것이다. 인간의 배아를 이용하는 실험에서의 실패는 단순한 실패로 끝나지 않고 끔찍한 결과로 이어질 수 있으므로 더욱 세심한 검증이 필요하다. 〈에일리언 4[Alien 4: Resurrection]〉에서 리플리가 과학자들이 자신을 복제하는 과정에서 만들어낸 끔찍한 복제 괴물(?)들을 발견하는 장면에서 받은 충격을, 이젠 영화가 아닌 실제 상황에서도 맞닥뜨릴 수 있다는 점을 염두에 두어야 할 것이다. 유전자 복제로 태어난 생명체의 안전성은 반드시 몇 세대를 거쳐 검증되어야 한다. 아직 복제 기술의 역사가 길지 않은 상황인 만큼 성급한 실행은 자제하는 것이 화를 면하는 길이 될 것이다.

현재 인간 복제에 대한 규제는 체세포 핵 이식이 이루어진 난자의 자궁 내 착상을 금지하는 방식으로 이루어지고 있는 추세다. 생명 복제 기술은 의학적인 활용 범위가 매우 넓기 때문에 완전히 금지시키기는 힘들다는 것이 현실적인 전망이다. 따라서 복제 기술이 생명에 대한 이해와 질병 연구에 유용하게 쓰일 수 있도록 제도적인 장치가 시급히 마련되어야 할 것이다.

Cinema
21

동면 캡슐에서 보내는 우주여행

에일리언
Alien

인간의 냉동 보존 기술과 더불어 자주 영화에 등장하는 냉동 기술이 있다. 바로 '인간 동면'이다. 〈혹성 탈출Planet of the Apes〉에서 〈에일리언〉, 〈이벤트 호라이즌Event Horizon〉, 〈로스트 인 스페이스Lost in Space〉에 이르기까지 먼 여행을 떠나는 우주 비행사들이 오랜 우주여행 동안 늙지 않고 시간을 벌기 위해 사용하는 방법이 바로 겨울잠을 자는 방법이다. 특히 〈에일리언〉에서 동면 캡슐에서 주인공 리플리(시고니 위버)가 깨어나는 장면은 SF 영화 사상 가장 섹시한 장면 중의 하나일 것이다. 그래서 에일리언도 반하지 않았던가!

인간이 겨울잠을 잘 수 있다면 벌어질 일들

인간 동면은 동물들의 겨울잠에서 아이디어를 얻은 것 같다. 동물들이 정상적인 생명 활동을 하기 위해서는 호르몬이 제대로 작동해야 하는데, 그러기 위해서는 체온이 일정 온도 이상으로 유지되어야 한다. 그러나 양서류나 파충류 같은 변온동물은 주변의 온도가 낮아지면 체온도 따라서 낮아진다. 이들은 스스로 체온을 유지할 수 없기 때문에 날씨가 추워지면 겨울잠을 자는 방식으로 이 문제를 해결하는 것이다. 동면에 들어가면 3℃ 정도의 체온으로 최소한의 대사 활동만 하면서 생명을 유지한다.

변온동물만 동면을 하는 것은 아니다. 잘 알다시피 포유류 중에서도 곰, 박쥐, 두더지 같은 동물들은 동면을 한다. 포유류는 보통 11월부터 다음 해 3~4월까지 동면에 들어가는데, 이때엔 체온이 37℃에서 단숨에 4~5℃까지 떨어진다. 그렇다면 혹시 사람도 동면을 할 수 있지 않을까?

그렇게 된다면 세포 활동 등 체내의 대사 속도는 100분의 1로 저하될 것이다. 이것은 노화의 속도도 100분의 1로 늦출 수 있다는 뜻이 된다. 예를 들어 수명이 80세라면 동면 상태로 8000년까지 살 수 있다는 얘기다. 이것을 이용하면 암에 걸린 환자를 동면에 들게 해서 최소한의 대사만으로 생명을 유지시킨 후, 암을 고칠 수 있는 미래에 잠을 깨워 병을 고칠 수도 있다. 또한 만약 명왕성으로 우주여행을 떠나 수십 년을 우주선에서 보내야 한다면, 차라리 동면 캡슐에서 잠을 자는 편이 훨씬 덜 지루할 것이다. 게다가 동면을 하지 않으면 우주여행 동안 먹어야 할 엄청난 식량을 우주선에 다 싣고 타야 하니 말이다.

상상을 현실로 만들기 위한 과학자들의 고군분투

과학적으로 인간의 인공 동면은 가능할까? 원리적으로는 가능하다고 할 수 있다. 이미 인간 동면은 심장 수술과 같은 외과 수술에서 '저체온 수술법' 이라는 방법으로 사용되고 있다. 체온을 낮추면 대사가 거의 멈추기 때문에 일정 시간 동안 피의 흐름을 멈추어도 세포의 죽음을 지연시킬 수 있게 된다. 이때 수술을 하면 피를 전혀 흘리지 않고 수술을 마칠 수 있다. 체온이 30℃ 정도로 떨어지면 심장박동이 정지하고, 18~20℃ 에서는 뇌의 대사 기능도 거의 멈추는 '순환 정지 상태' 에 이른다. 특히 체온이 20℃ 가 되면 인체 대사에 필요한 산소를 공급해주지 않아도 된다. '심장은 뛰지 않는데 살아 있는' 일종의 가사 상태가 되는 것이다.

그러나 문제는 얼마나 오랫동안 이런 상태를 유지할 수 있느냐 하는 것이다. 현재까지 저체온으로 유지할 수 있는 시간은 약 1시간 정도라고 알려져 있다. 따라서 수술도 1시간 안에 끝내야 한다. 저체온 상태가 이보다 오래 지속되면 뇌와 심장, 간 등 주요 장기의 세포들이 손상되거나 죽어버리기 때문이다. 온도를 더욱 낮추면 순환 정지 상태를 좀 더 오래 유지할 수 있지만, 아무리 저온이라 하더라도 세포가 산소와 영양 물질을 공급받지 못한 채 견디는 데에는 한계가 있다. 또 신장은 저온 상태로 보관할 수 있는 기간이 2~3일 정도 되지만, 심장은 겨우 몇 시간에 불과한 것처럼, 인체 각 부분의 내한성이 다르기 때문에 저온 상태를 유지할 수 있는 시간은 크게 제약을 받는다.

다시 말하면 현재의 과학기술 수준으로는 우주여행을 위해 동면 캡슐에서 몇십 년씩 겨울잠을 자는 것은 불가능하다는 얘기다. 하지만 과학자들은 동물 연구를 통해 동면을 유도하는 방법을 계속 모색하고 있다. 가장 대표적인 연구가 '엔케팔린enkephalin'에 대한 연구다. 몇 가지 간단한 실험에 의해 동물의 뇌에서 분비되는 엔케팔린이라는 호르몬이 동면을 유도한다는 사실이 밝혀졌다. 이것이 사실일 경우 엔케팔린을 합성해서 인간 체내에 주입하면 인간도 동면을 할 수 있지 않을까? 또 엔케팔린액에 며칠 동안 심장을 보관할 수 있으므로, 장기를 이식할 때 의사들이 심장을 들고 이리저리 뛰어다니지 않아도 된다. 그러나 엔케팔린 호르몬의 화학 구조와 체내 역할이 아직 밝혀지지 않은 상태라서 현재로서는 미흡한 단계라고 할 수 있다.

인간 동면을 가능하게 하기 위해 송장개구리나 도롱뇽을 연구하는 학자들도 있다. 도롱뇽이나 송장개구리의 혈액 속에는 다량의 포도당이 들어 있어서, 동면시 세포막의 파괴를 막고 세포 내에 빙점이 형성되는 온도를 낮춰주어 세포 내부가 얼지 않도록 해주는 구실을 한다. 한편 동면을 유도하는 단백질과 나아가 그것을 만드는 유전자에 대한 연구도 꾸준히 진행되고 있다. 동면 전에는 혈액에 많이 들어 있지만 동면에 들어가면 모습을 감추는 단백질이 있다고 하는데, 이것이 동면을 유도하는 것은 아닐까 추측하여 이를 밝혀내기 위한 노력이 과학자들 사이에서 진행 중이다. 이 물질의 정체를 밝힐 수만 있다면 인간의 동면도 가까운 시일 내에 가능해질지 모른다.

1990년 미국의 40대 남성이 알코어 생명연장 재단에 악성 종양에 걸린 자신의 뇌를 보존해달라고 부탁했다. 하지만 2년 뒤 법원은 살아 있는 사람을 냉동하는 것은 자살 방조이므로 살인죄에 해당한다고 판결했기 때문에 그는 뜻을 이루지 못했다. 냉동 보존 기술이 아직 과학적으로 믿을 만한 기술이 못 된다고 국가가 판단한 것이다. 그러나 죽기 전에 알코어 재단에 자신의 유체를 맡겨 냉동 보존 해달라고 유언하는 사람들이 늘어나는 이유나, 과학자들이 동면 상태로 생명을 연장시키기 위해 계속 노력하고 있다는 것은 언젠가는 인류가 죽음을 정복할 수 있게 되리라는 믿음 때문일 것이다.

진시황제 때부터 꿈꿔오던 불로불사의 꿈은 과연 과학기술로 이루어질 것인지, 또는 죽은 자들을 다시 살려내는 일 등이 먼 미래에 가능할 것인지에 대해서는 아직 알 수 없는 일이다. 그러나 잊지 말아야 할 것은 당신이 오랜 잠에서 깨어났을 때 당신을 사랑하는 사람들은 당신 옆에 없다는 사실이다.

| 동시상영 |

조의 아파트
바퀴벌레에게 교훈을!

'라 쿠카라차 라 쿠카라차 아름다운 그 얼굴 라 쿠카라차 라 쿠카라차 희한하다 그 모습.' 어린 시절 자주 부르던 이 정겨운 멕시코 민요의 제목인 '라 쿠카라차La cucaracha'는 스페인어로 '바퀴벌레'라는 뜻이다. 흥겨운 멜로디와 정겨운 노랫말과는 사뭇 어울리지 않는 느낌의 단어이지만, 달리 생각해보면 바퀴벌레만큼 서민들과 오랫동안 함께해온 곤충이 또 어디 있겠는가.

'바퀴벌레' 하면 떠오르는 영화가 있다. 바로 세상에서 가장 더러운 영화 〈조의 아파트Joe's Apartment〉. 뉴욕 빈민가의 더러운 아파트에 사는 '조'와 수만 마리의 바퀴벌레들이 주인공인 영화다. 물론 이 영화에 등장하는 바퀴벌레들은 착한 편이다. 조가 사랑에 성공할 수 있도록 도와주기도 하고, 뉴욕에 공원을 지어주기도 한다. 그래도 이 영화를 보고 있노라면, '우리는 진정 바퀴벌레로부터 벗어날 수는 없는 걸까?' 하는 생각에 잠기게 된다.

바퀴벌레는 약 3억 5000만 년 전에 지구에 출현해, 지금까지 환경에 잘 적응하며 끈질기게 살아왔다. 인간은 겨우 10만 년 정도 지구에 살았으니, 따지고 보면 바퀴벌레가 '지구의 임자'인 셈이다. 바퀴벌레의 종류는 약 4000종인데, 우리가 주변에서 볼 수 있는 것은 대략 30종에 불과하다. 다시 말해, 주변에 널린 바퀴벌레들은 실제 바퀴벌레 수에 비하면 '새 발의 피'라는 얘기다.

인간이 지금까지 바퀴벌레를 없애기 위해서 투자한 연구비는 무려 1조 원. 덕분에 바퀴벌레 살충제의 성능은 상당히 좋은 편이다. '집 안에 사는 벌레'들에 대한 통계 조사에 따르면, 예전에는 바퀴벌레, 개미, 흰개미 순이었는데 이제는 개미, 흰개미, 바퀴벌레 순으로 바뀌었다고 한다. 하지만 바퀴벌레 한 마리가 1년에 낳는 새끼의 수는 무려 3만 5000마리. 아무리 살충제가 강력하다 해도 '박멸' 의 길은 멀게만 보인다. 바퀴벌레는 식탁, 치약, 심지어 우리 몸에서 떨어지는 비듬, 귀지, 털까지 먹기 때문에, 인간이 있는 곳에 바퀴벌레는 항상 존재하기 마련이다.

문제는 생각보다 바퀴벌레가 상당히 똑똑하다는 사실이다. 바퀴벌레는 더듬이로 공기의 흐름을 감지해서 포식자가 접근하는지를 알아낸다. 그런데 이 더듬이의 성능이 아주 뛰어나고, 마치 유체 역학 같은 물리 법칙들을 잘 이해하고 있는 것처럼 작동한다는 사실이 〈네이처〉에 실린 바 있다.

실제로 1938년 미국 텍사스 주 아마릴로 형무소 독방에 수감 중인 한 죄수가 바퀴벌레를 휘파람 소리로 훈련을 시켜, 외부인이 바퀴벌레 등에 담배를 매달면 휘파람을 불어 독방으로 운반해오는 일을 시키다가 적발된 사건이 있었다. 이쯤 되면 바퀴벌레의 지능이 장난이 아니라는 것을 짐작할 수 있다.

3억 년 동안 갈고 닦인 번식력과 아무거나 가리지 않고 먹어치우는 식성, 자기 몸의 몇 천 배 높이에서 떨어져도 끄떡없는 운동 신경, 주어진 환경에 맞게 생활 패턴을 바꿔가는 적응력. 이런 것들 때문에 바퀴벌레는 '박멸' 은커녕, '핵전쟁이 일어나 인류가 멸망해도 살아남을 유일한 생명체' 라고 불리는 것이다.

바퀴벌레를 없애는 연구도 중요하지만, 바퀴벌레가 어떻게 3억 년 동안 자연에 적응하면서 지구에 살아남을 수 있었는가를 연구해서, 인간도 한 3억 년쯤 지구에서 살 수 있었으면 좋겠다. 바퀴벌레와 함께라도 좋으니 말이다.

Cinema
22

죽도록 살아야 할 운명의 여자들

죽어야 사는 여자
Death Becomes Her

죽음은 누구나 한 번은 겪어야 하는 것이면서 살아 있는 동안에는 절대 경험할 수 없는 묘한 신비를 품고 있다. 죽음에 대한 불안과 공포의 근원은 죽음이 무엇인지 전혀 알 수 없다는 데에서 비롯된다. 바로 그 알 수 없는 죽음의 그림자로부터 멀어지기 위해서 인간은 오랜 옛날부터 안간힘을 써왔다. 죽음을 초월한 존재를 통해 현재의 삶에서 구원

받기 위해 종교를 만들어냈고 영원한 것을 추구함으로써 그것과 함께 자신의 삶도 영원할 수 있다는 믿음에서 과학과 예술을 탄생시키기도 했다. 도교 사상이 널리 퍼져 있던 중국에서는 불로불사의 신선이 있었다고 믿었으며, 진시황제는 삼신산에 살고 있다는 신선들에게 불사약과 불로초를 얻기 위해 서복을 먼 일본에까지 파견하였다고 전해진다. 오늘날 사람들은 생명과학을 통해 직접 불사약과 불로초를 만드는 데 주력하고 있다.

영화의 스테디 키워드, 불멸의 삶

그래서인지 미래를 다루고 있는 영화들은 여러 가지 방식으로 영원한 생명을 추구하는 우리의 모습들을 조명한다. 그곳에서 우리는 육체의 한계를 극복하려는 과학자들의 진지한 노력을 발견하기도 하고, 때로는 진시황제의 망령을 엿보기도 한다.

칸 영화제에서 감독상을 수상하기도 한 〈크로노스Cronos〉는 영원한 삶을 가져다주는 기계가 400년간 전해 내려오다가 한 골동품상점에서 발견되면서, 그것을 쟁취하려는 탐욕스런 사람들과 그들이 맞게 되는 파멸을 암울하게 다루고 있다.

한편 영화 〈코쿤Cocoon〉에서는 외계인의 신비한 힘에 의해 노인들이 젊음을 되찾게 된다. 미국의 한 수영장에서 수영을 한 노인들이 조금씩 젊음을 되찾게 되면서 수영장은 나날이 인기가 높아지고, 그들은 그곳에서 외계인들과 뜻밖의 조우를 하게 된다.

또 〈죽어야 사는 여자〉에는 젊음을 가져다주는 묘약이 등장한다. 아름다운 배우이자 친구인 메들린(메릴 스트립)에게 애인을 빼앗긴 헬렌(골디 혼)은 복수심에 불타는 심정으로 영원한 아름다움과 젊음을 가져다준다는 묘약을 먹는다. 메들린도 이미 젊음의 묘약을 마신 상태. 그들은 질투와 복수심으로 서로를 죽이려 하고, 영화는 끔찍한 결투 뒤에 남는 건 파멸뿐이라는 섬뜩한 결말을 보여주며 끝이 난다.

이 영화에 등장하는 신비의 묘약처럼, 마시기만 하면 죽음과 노화로부터 생명을 구원받을 수 있는 약이 과연 만들어질 수 있을까?

오늘날의 불로초를 찾아서

제약 회사의 연구원들이 만들어낸 여러 가지 불로초 후보들 가운데 가장 대표적인 것이 데프레닐deprenyl과 멜라토닌melatonin이다. 데프레닐은 흑질substantia nigra이라는 뇌의 작은 영역의 활동을 선택적으로 향상시키는 것으로 알려진 약이다. 흑질은 아미노산의 일종인 도파민을 소비하는 뇌세포가 특히 많은 곳이다. 도파민은 신경전달물질로서 미세 신경섬유의 통제와 면역 기능, 그리고 성적 욕구를 조절하는 것으로 알려져 있다. 흑질 내 뇌세포의 퇴화는 뇌졸중으로 진전될 가능성이 있을 뿐 아니라 노화를 야기하는 것으로 추정되고 있다. 보통 노화가 시작되기 직전인 45세 이후에 도파민을 함유한 뇌세포가 급격히 감소한다는 사실이 바로 그 증거다. 데프레닐은 도파민이 풍부한 흑질 내 뇌세포의 퇴화를 막는 역할을 한다. 이것은 간단한 실험으로 증명할 수 있는데, 예를 들어 실험용 쥐에게 데프레닐을 투여하면 쥐의 수명이 40퍼센트 정도 증가하게 된다. 인간으로 따지면 150세에 해당하는 수명이다.

또 다른 노화 방지약인 멜라토닌은 신경 활동에 영향을 주는 신경성 내분비물로서 사고력과 기억력, 판단력과 관계된 많은 기능을 조절한다. 사람이 나이를 먹으면 멜라토닌 분비가 감소하는데, 과학자들은 이 현상을 노화를 측정하는 데 이용하고 있다. 멜라토닌은 그 효력이 다양하고 강력해서 '신비의 명약' 이라고 일컬리며, 한때 전 세계적으로 큰 화제와 인기를 모았다.

한편 비타민과 영양제가 죽음과 노화로부터 자신들을 구제해주리라 믿는 사람들도 있다. 일반적으로 화합물은 화학적으로 안정된 구조로 존재하고자 한다. 그런데 화학물질이 '프리 라디칼free radicals' 상태가 되면, 분자 내에 전자 하나가 부족해서 매우 불안정한 상태가 된다. 이 프리 라디칼은 나머지 전자 하나를 찾기 위해 체내에서 단백질을 공격하고, DNA나 다른 분자에서 교차 결합 반응을 일으키면서 세포에 해를 끼친다. 많은 과학자들은 이것을 노화의 원인으로 생각하고 있다. 이것이 사실이라면 비타민 A, C, E는 체내에서 프리 라디칼을 파괴하므로 노화를 억제할 수도 있을 것이다. 쥐에게 비타민을 섭취하도록 하였더니 평균 수명이 75퍼센트나 연장되었다는 실험이 이를 뒷받침한다. 현재 미국인들은 비타민과 영양제 구입에 매년 33억 달러를 소비하고 있다.

물리학적으로 말하자면 인간이 영원히 산다는 것은 원리적으로 불가능한 일이다. 육체를 영원히 보존하는 일은 '열역학 제2법칙' 에 위배되기 때문이다. 인간의 육체도 각 기관이 대체되지 않는 한, 한 시스템 내의 무질서는 반드시 계속 증가한다는 이 법칙으로부터 예외일 수 없다.

과학자들은 현재 인간의 최대 수명을 120세 정도로 추정하고 있다. 그러나 오염된 환경에서 술과 담배에 찌들고 스트레스 속에서 살아가는 현대인의 평균 수명은 75세 정도밖에 안 된다. 그럼에도 거부할 수 없는 육체의 소멸로부터 벗어나 영원히 생명을 유지할 수 있는 방법을 찾고자 하는 과학자들의 노력은 우리가 생명을 포기하지 않는 한 영원히 계속될 것이다.

| 동시상영 |

아카데미상이 배우의 수명을 늘린다?

3월은 아카데미상 시상식이 있는 달이다. 해마다 이맘때면 어떤 작품이 아카데미 작품상을 탈지, 또 어떤 배우가 상을 탈지 신문과 방송은 호들갑을 떤다.

캐나다 서니브룩 연구소의 도널드 레델마이어Donald A. Redelmeier 교수는 아카데미상과 관련해 흥미로운 연구 결과를 발표해 학계에서 주목을 받은 사람이다. 통계를 이용한 흥미로운 연구로 잘 알려진 보건학자인 그는 '운전 중 핸드폰을 사용하면 자동차 추돌 사고를 일으킬 확률이 4배나 높아진다'는 연구 결과를 발표해, 미국과 캐나다에서 운전 중에 핸드폰 사용을 법으로 금지하는 법안이 통과되는 데 결정적인 공헌을 하기도 했다. 그로부터 얼마 후 우리나라에서도 운전 중에 핸드폰 사용을 금지했으니, 우리와도 무관하지 않은 과학자다.

그런 그가 아카데미로 눈을 돌려 물은 것은 '아카데미상을 수상한 영화배우는 그렇지 못한 배우보다 더 오래 살까?' 하는 문제였다. 그는 아카데미 시상식에서 주연상과 조연상을 수상한 남녀 배우 235명과 후보에만 오른 527명의 배우들, 그리고 같은 영화에 출연했지만 후보에 들지 못한 비슷한 나이 또래의 배우 887명의 수명을 비교했다. 물론 아직 살아 있는 배우들은 제외하고.

그가 내과학회지에 발표한 논문 결과에 따르면, 수상자들의 수명은 79.7세인데 반해 후보자나 비후보자 배우들은 75.8세로, 수상자들의 수명이 약 3.9년 정도 길다고 한다. 더욱 재미있는 것은 오스카상을 하나씩 더 탈 때마다 수명이 2년 정도 더 길어지더라는 것이다. 일례로, 캐서린 햅번(1907~2003년)은 오스카상을 4번이나 수상했다. 우리가 암을 정복해서 암 환자를 모두 치료한다 해도 평균수명은

3.5년밖에 증가하지 않는다는 것을 고려하면, 3.9년이라는 수치는 굉장한 수치가 아닐 수 없다.

아카데미상 수상 배우와 그렇지 못한 배우들 사이에 수명 차이가 발견되는 이유는 무엇일까? 아직 그 원인에 대해서는 밝혀진 바 없지만, 레델마이어 교수는 수상자들의 사회적 지위와 그에 걸맞은 풍요로운 삶, 그리고 절제된 생활 태도를 원인으로 꼽았다.

아카데미상 수상자들은 수상과 동시에 물질적 풍요를 보장받는다. 매니저와 비서는 물론, 개인 트레이너와 요리사까지 두면서 건강을 챙기니 오래 살 수밖에. 또 대중들에게 늘 사생활이 노출돼 있고 매번 출연하는 영화에서 근사한 모습을 보여주어야 하기 때문에, 절제된 생활 태도와 지속적인 운동 습관을 가질 수밖에 없다는 지적이다.

그러나 갑작스런 물질적 풍요는 오히려 방탕하고 무절제한 삶으로 내몰 수도 있으니, 정확한 원인은 아직 모른다고 해두어야 할 것 같다.

레델마이어 교수는 사회적 지위와 건강과의 상관관계를 알아보기 위해 이런 연구를 했다고 한다. 보건학을 전공한 학자들은 사회적 지위나 교육, 수입 등이 건강이나 수명에 어떤 영향을 미치는가에 대해 오래전부터 관심을 가져왔다. 사회적 지위가 낮거나 교육 정도가 낮은 사람들이 수명이 짧다는 실질적인 증거가 있다면, 사회보장제도를 통해 그들에게 좀 더 각별한 의료 혜택을 주어야 하기 때문이다.

지금까지의 연구 결과는 '교육, 수입, 사회적 지위가 높을수록 수명이 길다'는 쪽에 무게를 두고 있다. 그러나 고학력자들이 대개 사회적 지위도 높고 수입도 많아, 이들 각각의 효과를 구분하기란 쉽지 않다. 영화배우들은 교육 정도는 일반인들과 크게 다르지 않으나 사회적 지위나 수입은 큰 차이를 보이기 때문에, 교육에 의한 효과를 배제한 '사회적 지위 혹은 수입에 의한 효과'만을 고려할 수 있다는 점에서 흥미로운 집단이다. 그리고 레델마이어 교수의 연구 결과는 교육 정도는 같더라도 사회적 지위나 수입이 높아지면 수명이 길어진다는 사실을 시사하고 있다.

그렇다면 후보자 그룹과 비후보자 그룹 간의 수명 차이가 뚜렷하지 않다는 사실은 무엇을 의미할까? 영화 관계자들은 '아카데미상 후보에 오르기 위해서는 재능이 필요하지만, 수상하는 데 필요한 것은 순전히 운이다'라는 얘기를 한다. 따라서 후보자와 비후보자 간에 수명 차이가 없다는 것은 예술적 재능이 수명과는 큰 상관관계가 없다는 것을 의미하며, 수상자와 비후보자 간의 수명 차이도 예술적 재능에 의한 것은 결코 아니라는 것을 의미한다. 동서양을 막론하고 천재 예술가들은 일찍 죽는다는 속설도 있지만, 현대 사회에서는 이 속설이 더 이상 통용되지 않는다는 얘기다.

1929년 조그만 극장에서 조촐하게 시작된 아카데미상 시상식은 이제 세계인의 축제가 되었다. 그 영향력이나 경제적 가치는 앞으로 점점 더 증대될 것이므로, 연구 결과가 맞는다면 오스카상 수상자의 수명은 앞으로 더욱 길어질 전망이다.

줄리아 로버츠나 톰 행크스의 연기를 오래도록 볼 수 있다는 얘기니 반가운 소식이지만, 냉혹한 자본주의 현실에서 사회적 지위와 수명이 비례한다는 사실은 씁쓸하지 않을 수 없다.

Cinema

23

사람 머리에 강아지 몸통을 붙이다

화성 침공

Mars Attacks!

〈화성 침공〉은 팀 버튼Tim Burton 감독을 좋아하는 관객들에겐 더할 나위 없이 유쾌했던 초대형 B급 SF 풍자 코미디다. 화성인의 지구 침략을 다루면서 〈인디펜던스 데이Independece Day〉식 할리우드 영화 관습을 완전히 비켜가고 있는 이 영화는 위선적인 대통령과 표독스런 영부인, 야비한 부동산 투기꾼, 군국주의자, 여자만 밝히는 보좌관, 무식한 과학 전문가 등을 통해 미국인들의 위선을 낱낱이 까발리고, 화성인들의 힘을 빌려 미국인들의 '일상' 마저 남김없이 부수고 박살 낸다. 이 영화에서 가장 인상적인 장면 중의 하나는 외계인들이 TV 여성 아나운서의 머리를 치와와 몸통에 붙이는 장면. 이 장면은 또한 영화 속 화성인들의 과학기술이 얼마나 발달했는가를 단적으로 보여주기도 한다.

그런데 미국에서는 이 화성인의 장난과 유사한, 허무맹랑해 보이는 수술이 실제로 성공을 한 사례가 있다. 1998년 4월 28일 미국의 ABC 방송은 케이스 웨스턴 리저브 대학의 로버트 화이트Robert J. White 박사가 이끄는 신경외과 팀이 원숭이 두 마리의 몸을 통째로 바꾸는 의료 실험에 성공했다고 보도했다. 그들이 직접 찍은 영상물에는 몸통을 이식 받은 붉은털원숭이가 의식을 갖고 눈을 깜빡이는 장면이 있다. 외계인의 잔혹성을 표현하려 했던 영화 속 장면의 화살이 이제 우리를 겨누게 된 것이다.

그들의 실험은 매우 정교했다. 우선 화이트 박사 팀은 한 원숭이의 몸의 혈관과 다른 원숭이의 머리 혈관을 서로 연결하고, 금속 죔쇠를 척추와 머리에 부착하여 머리를 몸에 고정시켰다. 그리고 인공 튜브를 이용해 기관과 식도를 연결했다. 건강한 몸을 이식 받은 원숭이는 6시간 후 의식을 회복했으며, 시각과 청각 기관은 정상적인 반응을 보였다고 한다. 그러나 아직 척수가 연결되지 않아서 새로 얻은 몸을 움직일 수는 없었다.

이 사건이 우리에게 기존의 '장기 이식' 이상의 큰 충격을 준 것은 인간이 단지 기계적 · 화학적 부품들의 총체에 지나지 않으며, '나' 라는 존재도 뇌의 생물학적 메커니즘의 산물이라는 사실을 인정하지 않을 수 없게 되었다는 데 있다. 지나친 비약일 수도 있겠지만, 아무래도 머리를 이식 받았다기보다는 몸통을 이식 받았다고 보는 편이 옳다고 생각되기 때문이다. 수술을 마친 화이트 박사는 이렇게 말했다. "이 단두 실험을 통해 당신이나 나나 기본적으로 우리는 모두 양쪽 귀 사이에 존재하는 1.6킬로그램짜리 두뇌 조직 속에 존재한다는 사실을 믿게 됐다. 마음과 영혼이 모두 그 속에 있다."

역사 속에서 원숭이 전신 이식 수술의 기원을 찾는다면 프랑스 혁명으로 거슬러 올라가야 한다. 프랑스 혁명 당시 '기요틴'이라 불리는 단두대에서 수많은 사람들의 목이 잘려나갔고, 이것은 외과 의사들과 학자들의 인체 연구에 불을 지피는 결과를 가져왔다.

'기요틴'은 프랑스 의사 조제프 이그나스 기요탱Joseph-Ignace Guillotin의 이름을 딴 사형 기구로, 그는 교수대나 할복 등 고통스런 18세기식 사형 제도를 대체할 수 있는 즉사 도구로 기요틴을 제안했다. 하지만 프랑스의 공포 정치가 시작되면서 일부 사람들은 과연 목을 자르는 것이 즉사를 가능케 할 것인가에 의문을 제기했다. 프랑스의 역사학자인 앙드레 수비랑이 단두대에서 벌어진 일화들에 관해 소상히 기록해놓은 바에 의하면, 사형을 당한 사람들의 입술이 움직인다든지 눈이 깜빡인다든지 하는 식으로, 머리가 잘린 이후에도 살아 있다는 여러 가지 증거들이 포착됐기 때문이다.

나중에 밝혀진 사실이지만, 뇌는 머리가 잘려나간 후 뇌를 순환하던

과학자들이 시체 조각들을 이어 붙이려는 것은
'생명 연장 기술'에 대한 도전으로 해석할 수 있다.

혈액이 뇌의 대사에 필요한 산소와 영양을 공급하는 마지막 순간까지 수 초 정도는 살아 있을 수 있다고 한다.

기요틴의 잔혹한 역사가 절정에 이르렀던 프랑스 혁명이 끝난 지 30년 후, 메리 셸리Mary Shelley의 소설 《프랑켄슈타인Frankenstein》이 출판됐다. 이 소설은 현대 외과 의학이 사실은 프랑스 혁명에서 단두대의 이슬로 사라진 시체의 신체 부위별 실험을 통해 발전했다는 끔찍한 사실을 암시하고 있다.

제네바의 물리학자 빅토르 프랑켄슈타인 박사는 시체 조각들을 모아 인조인간을 만들고 전기적인 자극을 가해 생명을 불어넣는다. 그러나 이렇게 만들어진 괴물은 자신을 흉측한 모습으로 만들어낸 박사를 원망한다. 그는 결국 난폭해지면서 마을 사람들에 의해 최후를 맞는다. 프랑켄슈타인 박사 역시 이 괴물에 의해 목숨을 잃는다. 《프랑켄슈타인》은 영화로도 여러 차례 만들어진 바 있으며, 수많은 아류작들이 쏟아지기도 했는데, 배우 보리스 카를로프는 생명의 질서에 무책임하게 끼어든 과학기술의 사생아인 이 괴물 역으로 일약 스타가 되었다.

그러면 과학자들은 왜 시체 조각들로 흉측한 생명체를 만들기 위해 노력하는 걸까? 생명을 만들어낸다는 일 자체가 생명의 기원에 대한 탐구이기도 하지만, '원숭이 전신 이식'과 연관해서 생각해본다면 '생명 연장 기술'에 대한 과학자들의 도전으로 해석할 수 있다.

화이트 박사는 〈뉴욕 타임스〉와의 인터뷰에서 머리와 척추를 연결하는 수백만 가닥의 신경 다발인 척수를 잇는다는 것은 현재로는 도저히 불가능하다는 사실을 인정한 바 있다. 그리고 이런 방법으로 비록 새로운 몸체를 얻더라도, 전신 마비 상태가 돼서 목 아래쪽은 무감각할 것이라는 사실도 인정했다.

하지만 그는 머리만큼은 자신이 본래 가지고 있던 기억력과 지능, 시각과 청각, 그리고 자기 몸에 대한 인식을 그대로 간직할 수 있을 것이라고 말했다. 또한 화이트 박사는 척수의 신경을 연결하는 데는 매우 정교한 기술이 필요하지만 언젠가는 해결할 수 있으리라 낙관하고 있다. 게다가 인간의 몸은 원숭이에 비해 크고 수술도 많이 이루어져왔기 때문에 인간의 전신 이식도 가능하리라고 보고 있다.

일반적으로 목을 다쳐서 사지 마비가 된 환자들이 죽어가는 첫 번째 이유는 장기들이 차례로 망가지기 때문이라고 한다. 만일 그 같은 환자가 새로운 신체를 이식 받게 된다면, 비록 사지 마비 상태라 하더라도 생명은 연장할 수 있을 것이다. 이러한 이유 때문에 전신 이식 수술을 위한 실험을 오래전부터 실행해왔고, 화이트 박사에 따르면 고양이와 개를 두고 한 실험은 이미 1960년대에 행해졌다고 한다.

신체 기능이 정지된 사람의 머리에 뇌사 상태인 사람의 몸을 이식시키는 일은 이제 더 이상 SF 영화에나 나오는 이야기가 아니다. 만약 인간의 전신 이식이 가능하게 되면, 늙고 탐욕스러운 재산가가 자신의 뇌를 이식하기 위해 젊고 건강한 몸을 가진 젊은이들을 납치하거나 인신매매하는 사건이 영화에서처럼 벌어질지도 모른다.

인간의 생명 연장 기술은 이렇듯 소름 끼치는 실험에 의지하고 있다. 과학기술이라는 미명하에 자기 머리를 빼앗긴 불쌍한 동물들의 강요받은 희생 덕분에 인간의 생명은 조금씩 연장되고 있는지 모른다. 하지만 우리가 그 손익분기점을 넘을 수 있을지는 여전히 의문이다.

Cinema

24

육체는 정신을 묶어두는 껍질에 불과하다?

공각기동대

Ghost in the Shell

중학교 때 일요일 아침마다 꼭꼭 챙겨서 보던 만화 영화 중에 〈은하철도 999〉가 있었다. 원작자가 마츠모토 레이지인 이 만화 영화는 철이(일본 원작에서는 데츠로)와 메텔이 영원한 생명을 얻기 위해 은하철도 999를 타고 안드로메다까지 여행을 하면서 벌어지는 일들을 에피소드 형식으로 다루고 있다.

때는 바야흐로 아주 먼 미래, 어느 눈 내리는 겨울날. 돈 많은 사람들은 기계 인간이 되어 영원한 생명을 얻어 살아가고 가난한 사람들만 인간으로 살아간다. 인간 사냥꾼들은 가난한 사람들의 목숨을 빼앗아 영원한 생명을 위한 재료로 사용한다. 이들에 의해 철이의 어머니는 살해당하고 어린 철이만 홀로 남게 된다. 메텔은 철이에게 영원한 생명을 준다는 안드로메다행 은하철도 999 승차권을 준다. 죽은 어머니의 한을 풀고 영원한 생명을 얻기 위한 철이의 여행은 이렇게 시작된다.

열차가 잠시 쉬어가는 행성들마다 가난한 사람들은 영원한 생명을 얻기 위해 철이의 승차권을 노리지만, 철이는 메텔의 도움으로 무사히 위기를 넘기고 늘 가까스로 열차에 오른다. 그러나 철이의 승차권을 노리는 사람들은 나쁜 사람들이 아니다. 저마다 애틋한 사연을 가진 가난한 사람들이다. 이 만화 영화는 소년 철이가 우주와 생명, 사랑과 인생을 배우며 어른이 돼가는 과정을 통해 생명까지도 사고파는 자본주의의 극단적인 행태를 강하게 비판하고 있다. 아마 이 만화 세대의 일본 어린이들과 나를 포함한 대한민국의 많은 어린이들도 철이와 더불어 어른이 되어갔을 것이다.

영원한 생명은 SF 영화의 단골 주제지만 〈은하철도 999〉만큼 이 문제를 인상적으로 다룬 작품도 드물다. 여기서는 기계 인간, 그러니까 사이보그나 로봇에 정신을 이식하는 형태의 영원한 생명이 등장한다.

생명을 연장하는 방법은 여러 가지가 있을 텐데, 과연 가능한 방법들은 무엇이 있고 이와 관련한 기술은 어느 정도까지 와 있는지에 대해 알아보도록 하자.

기능을 잃은 몸의 일부를 대체하다

'사이보그'란 기계적인 도움으로 육체의 한계를 극복한 사람들을 말한다. 귀에 고성능 음파탐지기를 장착한 '소머즈'나, 다리에서 소리가 나도록 빠르게 달리는 '600만 불의 사나이' 등이 바로 사이보그이다. 사이보그를 만드는 과정을 가장 실감 나게 그린 작품은 〈로보캅〉이다. 한 경찰관이 범죄자들의 총에 난사를 당하자 그의 몸을 상당 부분 기계로 대체한다. 그러므로 이 영화의 정확한 제목은 '로보캅'이 아닌 '사이보캅'이어야 한다.

최근 인공 장기에 관한 연구가 급속도로 진행되면서 이젠 사이보그도 영화 속의 이야기만은 아니게 됐다. 그러나 결론부터 말하자면, 인공 장기 기술은 육체의 한계를 극복하기보다 아직까지는 질병으로 손상된 장기를 기계적으로 대체하여 생명이나 장기를 몇 년 정도 더 연장하거나 유지하는 것이 고작이다.

인공 장기 중 가장 활발하게 연구가 진행되고 있는 분야는 심장이다. 현재 인공 심장은 대부분 공기 압축식, 즉 밖에서 공기를 주입하고 압축하여 펌프질을 할 수 있도록 하는 방식이다. 이 경우 관이 밖에서 안으로 들어가기 때문에 불편하고, 감염의 위험이 있으며 보기에도 좋지 않다. 그래서 전기식으로 동작하여 완전히 이식할 수 있는 인공 심장을 만드는 것이 가까운 미래의 목표라고 한다. 좀 더 기술이 발달한다면, 600만 불의 사나이의 것처럼 힘차게 뛸 수 있는 심장을 만들 수도 있을 것이다.

인공 심장 외에도, 인공 혈관, 인공 뼈, 인공 피부도 연구의 대상이다.

우리 몸의 혈관은 그 길이가 무려 13만 킬로미터. 대동맥은 그 굵기가 2센티미터, 모세 혈관은 0.01밀리미터 정도다. 이러한 혈관을 만드는 연구에서는 인공 혈관 내에서 혈액이 응고되지 않도록 하는 것이 핵심 과제라고 하는데, 아직은 기술적으로 많이 부족하다.

뼈와 관절을 인공적으로 만드는 방법에는 여러 가지가 있다. 그중 큰 주목을 받은 방법은 바로 세포 배양을 이용하는 것으로, 당사자의 연골 세포를 배양하여 뼈를 키우는 방법이다. 이 밖에도 금속 관절을 이용하거나 동물의 뼈를 이용하는 방법 등 학계에 제안된 방법만 해도 200가지가 넘는다고 하는데, 다들 수명이 10~15년 정도밖에 안 된다고 한다. 그리고 지금의 기술로 만든 인공 관절로 뛰었다가는 제대로 작동을 못해서 600만 불의 사나이의 것처럼 '우두두두' 소리가 날 우려가 있다. 영원한 생명을 위해서는 좀 더 분발해야 하는 상황이다.

피부를 이식하는 것은 사이보그 제조에 필수 과정이라고 할 수 있다. 실리콘으로 일시적인 보호막을 만드는 방법도 제안되고 있고, 포경 수술 시에 잘라낸 피부를 이용하는 방법도 있다. 예를 들면, 남자아이의 경우 포경 수술을 하고 난 후 잘라낸 표피를 세포 은행에서 배양해두었다가 나중에 얼굴 수술 등을 하는 경우 배양해 보관했던 피부를 사용해서 피부 이식을 하는 것이다.

유전자를 파고들다

유전자 조작을 통해 영원한 생명에 도전하는 방법도 있다. 우리

세포의 DNA 내부에는 '텔로미어telomere' 라는 생체 시계가 있다. 세포가 분열할 때마다 이것이 짧아지는데, 그러다가 아예 없어지면 더 이상 세포 분열을 하지 못하게 된다. 그렇게 되면 당연히 세포가 늙어 죽게 된다. 이와 관련해 미국 텍사스 주 사우스웨스턴 메디컬센터의 제리 셰이Jerry Shay 박사는 공동 연구자들과 함께 재미있는 실험을 했다. 배양한 인간 세포의 텔로미어를 인위적으로 늘여준 것이다. 그랬더니 세포가 3배 이상 더 오래 살았다고 한다. 원리적으로는 텔로미어를 늘이면, 생명도 고무줄 늘어나듯 길어진다는 얘기다. 생명 연장에 관한 가장 획기적인 연구가 아닐까 한다.

한때 낙태 반대자들의 강력한 반발에도 불구하고, 낙태아로부터 세포를 이식해서 노화를 방지해보려는 시도가 있었다. 낙태아가 아니더라도, 전 세계를 떠들썩하게 했던 인간 복제 기술(20장 참조)을 이용하면 생명을 연장할 수 있다.

아이작 아시모프Isaac Asimov의 원작 소설을 영화로 만든 〈안드로이드The Android Affair〉는 생체 실험에 쓰기 위해 복제 인간을 만들어낸다는 내용을 담고 있다. 심장병에 걸린 과학자가 자신의 병을 고치기 위해 자신과 똑같은 병을 가진 복제 인간들을 만들어내서 생체 실험을 한다. 그리고 자신과 똑같은 모습을 한 복제 인간을 만들어 자신의 행세를 해달라고 부탁한 후 자신은 냉동 상태에 들어간다. 만약 병을 고칠 수 있게 되면 해동해서 고쳐달라는 것이다. 그러나 복제 인간은 냉동 장치의 플러그를 뽑아 과학자를 죽이고, 자신이 주인 행세를 하면서 모든 연구를 통제한다.

영화에서처럼 인간을 복제하지 않더라도, 돼지의 유전자에 인간의 장기 유전자를 삽입 치환하여 돼지를 복제 생산한 후, 여기서 얻어낸 인공 장기를 죽어가는 환자에게 이식해서 생명을 연장할 수도 있을 것이다.

새로운 뇌에 기억을 심다

또 만약 육체는 소멸하더라도 뇌 속에 자리 잡은 정신만은 살아남을 수 있다면 인간은 새로운 육체를 통해 다시 태어날 수도 있을 것이다. 영화 〈프리잭FreeJack〉에서 주인공 알렉스(에밀리오 에스테베즈)는 영원한 생명을 얻으려는 탐욕스런 프로젝트에 휘말려 미래로 납치된다. 영화의 배경은 환경오염에 찌들 대로 찌든 미래 사회. 오존층은 파괴되었고, 일산화탄소 등에 의해 대기 상태도 말이 아니다. 핵폐기물까지 넘쳐나고 거리의 사람들은 병들어가고 있거나 마약에 중독되어 있다. 미래 사회를 지배하고 있는 멕킨들리스 회사의 회장 멕킨들리스(앤서니 홉킨스)는 자신의 수명이 다하자, 20년 전 과거에서 건강한 카레이서 알렉스를 납치해 미래로 데려온다. 그리고 그의 몸 안에 자신의 정신을 이식해 새로운 부활을 꿈꾼다.

이런 일은 과연 가능할까? 아직 정신의 실체조차 파악되지 않은 상황에서 정신을 이식하는 것은 더더군다나 불가능한 것처럼 보인다. 그러나 어떤 과학자들은 뇌세포를 전혀 파괴하지 않고 냉동 보존하였다가 다른 육체의 뇌에 이식한다면 가능하리라 예측하기도 한다. 우선 수산에틸에다가 염소산칼리와 헤파린 등을 합성하여 혈액을 뽑아낸 유체에 주입한다. 혹은 글리세린을 이용할 수도 있다. 그러면 이 액체는 세포 속까지

침투하여 수분과 치환되기 때문에 초저온 상태에서도 수분의 동결로 세포가 파괴되는 사태를 막을 수 있다. 이미 동물을 대상으로 한 실험에서는 이 방법이 어느 정도 가능하다는 것이 밝혀졌다. 그러나 뇌를 치환하면 정신도 치환될 것인지, 또 어떻게 뇌를 완벽하게 치환할 것인지는 전혀 증명하지 못하고 있다.

본래 정신은 정보만으로 구성되어 있다고 주장하는 사람들이 있다. 따라서 그들은 정신을 육체 안에 한정할 필요는 없다고 말한다. 이렇게 주장하는 과학자들에 따르면, 인간의 뇌와 정신은 컴퓨터의 하드웨어와 소프트웨어에 비유할 수 있다. 하드웨어는 다 똑같이 생겼지만 어떤 소프트웨어로 가득 채우느냐에 따라 개별적인 컴퓨터의 존재가 구별된다. 이처럼 정신을 육체에 깔린 일종의 소프트웨어로 간주한다면 정신은 다른 하드웨어 즉 새로운 육체 안에서도 여전히 존재할 수 있다. 따라서 인간의 기억과 정신을 저장해두었다가 복제 기술로 재생된 새로운 육체의 뇌에 기억을 주입시킬 수도 있다는 것이 이들의 주장이다.

이러한 주장의 기원은 프랑스의 철학자 데카르트로 거슬러 올라간다. 그 이전에도 이러한 주장을 하는 철학자들이 있었지만, 데카르트는 정신과 육체의 이원론을 가장 강하게 주장한 철학자 중의 한 사람이다. 그는 기계적이고 예측 가능한 물질계와, 이런 세상에서 끊임없이 회의하고 의심하는 존재인 정신은 별개라고 믿었다. 그에게 정신은 '기계적인 육체에 깃든 유령Ghost in the Shell' 같은 존재였던 것이다. 훗날 이것은 오시이 마모루 원작의 애니메이션 〈공각기동대〉의 원제가 된다. 사이버스페이스에 정신을 접속한 기계 인간 이야기를 다룬 애니메이션의 제목으로는 아주 의미심장한 제목이 아닐까 생각된다. 그러나 다른 육체에 정신을 주입시켜 영생을 추구하는 이 방법 역시 정신과 기억 작용에 대한 이해가 턱없이 부족한 현재로는 요원한 일이다. 또, 컴퓨터의 기억 용량이 인간의 뇌에 비해 엄청나게 적기 때문에, 컴퓨터와 인간 두뇌와의 접속 여부를 차치하고라도 정신의 복사 자체도 요원한 일처럼 보인다.

그러나 나노 테크놀로지의 발달로 기계들은 나날이 소형화되고 있으니, 극소 공간 안에 무한대의 정보를 저장할 수 있게 되는 미래가 온다면, 이러한 생각이 전혀 엉뚱한 것만은 아닐지도 모른다. 만약 그런 날이 온다면 우리는 생명과 의식에 대한 정의부터 다시 내려야 하지 않을까?

Cinema
25

드라큘라는 광견병 환자였다

드라큘라
Dracula

평범한 자연현상이 사람들의 입을 거치면서 드라마틱한 전설이나 신화로 바뀌는 경우가 종종 있다. 우리나라에 옛날부터 전해 내려오던 '도깨비불' 이야기도 사실은 사람 뼈 속에 들어 있는 '인' 성분이 자연 발화나 인광으로 밤에 스스로 빛을 내는 성질이 있기 때문에 만들어진 이야기다. 우리의 상상력을 충분히 자극할 만큼 우연하게도 — 사실은 당연하지만— 밤에 무덤 근처에서 볼 수 있기 때문에 '도깨비불' 이라는 무서운 별명을 얻게 되었다. '초신성' 이 폭발하는 것을 하늘이 노하여 내린 '불의 재앙' 으로 여기고 미리 예측하지 못했던 신하들의 목을 모조리 벤 것이나, 기상위성이나 자연현상을 착각한 데서 'UFO' 라는 현대의 신화가 탄생된 것도 비슷한 경우라고 볼 수 있다. 자연에 대한 충분한 이해가 없었던 옛날에는 천둥만 쳐도 얼마나 무서웠겠는가? 자연현상에 의미를 부여하고 그럴듯한 이야기를 만들어내는 것을 사람들의 마음속에 잠재해 있는 불안 심리가 투영된 것으로 본다면, 미신이나 전설이 전혀 이해하지 못할 것들은 아니다. 그러고 보면 과학이 세상을 참 심심하게 만들고 있다는 생각이 든다.

과학이 재미있는 전설을 싱겁게 만들어버린 대표적인 예로는 흡혈귀에 대한 전설이 있다. 국제 신경학회지에 18세기 유럽에서 시작해서 지금까지 많은 사람들에게 큰 인기를 끌고 있는 흡혈귀 전설이 '광견병' 환자의 증상에서 비롯되었다는 주장의 논문이 실린 것이다. 이러한 주장은 흡혈귀 전설이 시작된 시기와 장소가 광견병이 창궐했던 1720년대 유럽이라는 점과, 영화나 소설에서 묘사된 흡혈귀의 모습과 행동이 광견병 환자의 증상과 매우 흡사하다는 데 그 근거를 두고 있다.

광견병 환자도 마늘 냄새를 싫어한다

흡혈귀는 1931년 처음 영화로 만들어진 이후 할리우드 공포 영화의 단골 메뉴가 되었다. '흡혈귀' 하면 제일 먼저 떠오르는 영화는 〈드라큘라〉다. 창백한 얼굴과 뾰족한 송곳니를 가진 드라큘라 백작은 낮에는 관에서 잠을 자고, 밤이 되면 일어나 살아 있는 여자의 피를 빨아먹는다. 〈드라큘라〉는 원래 루마니아를 중심으로 유럽과 아시아에 널리 퍼져 있는 흡혈귀 전설을 브람 스토커Bram Stoker가 변형하여 만든 동명 소설(1897년)이 원작이다. 1931년 브라우닝Tod Browning의 고전 영화 〈드라큘라〉가 크게 성공하면서, 그 후 수십 편의 아류 영화들이 제작되었으며, 최초로 드라큘라 백작 역을 맡았던 벨라 루고시는 이 배역으로 단번에 대스타가 되었다.

드라큘라 백작이 사실은 광견병 환자였다니, 도대체 드라큘라 백작과 광견병 환자의 공통점이 무엇이기에 이런 주장이 나왔을까? 광견병이란 광견병 바이러스에 감염된 짐승에게 물리면 걸리는 전염병의 일종이다. 그 증세가 나타나기까지는 몇 주가 걸리며, 증세가 나타나기 시작하면 이미 치료가 불가능하기 때문에 십중팔구 죽음에 이르게 된다.

광견병 바이러스는 개나 인간 외에 다른 동물들에게도 감염이 되는데, 대표적인 동물이 흡혈귀 영화에 자주 등장하는 박쥐와 늑대다. 광견병은 주로 남성에게서 나타나며, 감염된 상대에게 물리거나 긁혔을 때 그리고 섹스를 통해서 전염된다.

우선 광견병에 걸리면 광견병 바이러스가 뇌에 영향을 끼쳐, 감염된 환자는 공격적으로 변하고 성적 욕구도 강해진다. 공격적으로 변한 환자는 드라큘라처럼 다른 사람을 물기도 한다. 전설에서 드라큘라는 성적 능력이 뛰어난 존재로 묘사되고 있는데, 이러한 점 역시 광견병 환자의 증세와 유사하다.

광견병 바이러스는 수면을 조절하는 뇌의 시상하부에도 영향을 주기 때문에 환자는 밤에 잠을 자지 못하고 돌아다니게 된다(드라큘라도 불면증이었나?). 게다가 강한 외부 자극에 극도로 민감한 반응을 보여서 강한 햇빛을 견디지 못하고, 마늘 냄새 같은 자극적인 냄새도 싫어한다고 한다. 이런 점도 '드라큘라'와 똑같다.

또한 광견병에 걸리면 물을 두려워하게 된다. 그래서 이 병을 흔히 '공수병'이라고도 부르는데, 환자는 심지어 자신의 침도 삼킬 수 없어서 입에 거품을 물고 침을 흘린다. 이때 안면 근육이 경련을 일으켜 항상 이를 드러낸 맹수 같은 얼굴을 하고 있는 경우가 많다.

그뿐만이 아니다. 기록에 의하면 1721~1728년에 헝가리를 중심으로 유럽 전역에서 광견병이 크게 창궐했는데, 흡혈귀 전설도 이 시기에 헝가리 근처인 루마니아를 중심으로 퍼지기 시작했으니 우연치고는 너무 잘 맞아떨어진다는 생각이 든다.

드라큘라 백작의 초라한 진실

이렇듯 여러 가지 사실들에 비추어볼 때, 흡혈귀는 한 사람의 풍부한 상상력으로 만들어졌다기보다는 그 당시 사람들이 경험했던 광견병에 대한 공포가 흡혈귀로 형상화된 것이 아닌가 하는 생각이 든다. 그렇다면 흡혈귀는 왜 사람의 피를 먹는 걸까?

어떤 이들은 드라큘라가 아리따운 여성의 목을 깨물 때 흘러나오는 피가 처녀성을 상징한다고 해서 당시 여성들의 성적 타락과 욕망을 빗댄

과학자들은 그윽한 눈빛으로
피를 욕망하는 드라큘라 백작의
숨겨진 실체를 밝혀냈다.

것이라고 설명하기도 하고, 반기독교적인 의미를 가진다고 해석하기도 하는데 정확한 이유는 아직 모르겠다.

왜 피를 먹는지는 모르지만 과학적으로 볼 때 드라큘라가 자연계의 생물체와 유사한 방식으로 신체를 유지한다면 사람의 피만으로는 살 수 없다. 한 사람의 혈액이 낼 수 있는 칼로리를 계산해보면 드라큘라가 인간의 피만으로 산다는 것은 어려운 일이라는 것을 쉽게 알 수 있다. 피는 폐에서 흡수한 산소나 장에서 흡수된 음식물의 영양소들을 필요한 조직에 공급하는 운반체이므로, 당연히 인체에 필요한 영양소들이 모두 들어 있다. 그러나 혈액의 78퍼센트는 물이다. 열량을 내는 단백질과 지방, 탄수화물은 각각 4퍼센트, 0.5퍼센트, 1.3퍼센트밖에 들어 있지 않기 때문에, 피 100밀리리터에 포함되어 있는 열량은 통틀어 27kcal 정도에 지나지 않는다.

50킬로그램 성인 여성의 몸에 있는 혈액의 양은 대략 체중의 8퍼센트인 4킬로그램, 3.8리터 정도다. 그러니까 사람의 몸에 들어 있는 혈액이 가진 총열량은 대략 1025kcal인 셈이다. 65킬로그램의 성인 남자에게 필요한 열량은 하루에 약 2500kcal 정도. 따라서 드라큘라 백작이 보통의 성인이라면, 한 방울의 피도 흘리지 않고 최소한 두 명은 매일 먹어치워야 한다는 결론이 나온다.

게다가 브람 스토커의 소설에 따르면, 드라큘라는 성인 20명의 힘을 가졌다. 그렇다면 하루에 꼬박꼬박 40명의 피를 먹어야 필요한 열량을 조달할 수 있을 것이다. 상황은 더욱 어렵게 돼버렸다. 영화에서처럼 드라큘라 백작은 여인의 목을 타고 흐르는 피를 그윽한 눈으로 바라보며 폼이나 잡고 있을 시간이 전혀 없다. 여러모로 흡혈귀 전설은 심심한 전설이 되어버렸다.

| 동시상영 |

스파이더맨
'스파이더맨'은 영화일 뿐

1961년 마블 코믹 사의 만화 잡지 〈어메이징 판타지〉에 처음 연재된 이후 스파이더맨은 만화, 애니메이션, TV 시리즈, 영화 등에서 등장하는 족족 폭발적인 인기를 누려왔다. 그 인기의 비결은 아마도 '거미와 인간의 결합'이라는 독특한 설정 때문이리라. 손에서 거미줄이 나오고 벽을 기어오를 수 있는 사람은 영웅의 이미지를 넘어 신비함마저 느끼게 한다. 그렇다면 과연 거미 인간은 과학적으로 얼마나 그럴듯한 걸까?

주인공 피터 파커는 유전자 조작으로 만들어진 수퍼 거미에 물려 거미의 능력을 갖게 된다. 그러나 유전자 조작으로 변형된 생명체의 특성은 그 생명체에 물린다고 해서 옮겨가는 것이 아니다. 거미의 몸에서 인간의 몸으로 전달되는 매개체가 없는 한, 거미의 특성은 옮겨갈 수 없다. 그럼에도 불구하고 이러한 설정이 그럴듯하게 들리는 이유는 아마도 흡혈귀 전설에 익숙해진 탓일 게다.

거미줄을 이용해 도시의 빌딩 숲을 타잔처럼 날아다니는 설정은 과연 가능할까? 거미줄은 거미 배 속에 액체 형태로 저장돼 있다가 방적돌기에 있는 무수한 토사관에서 나오는 순간 공기와 접촉해 굳어져 실이 된다. 만약 사람이 매달릴 수 있을 정도로 두꺼운 거미줄을 만들기 위해 액을 쏜다면 한순간에 굳지 않기 때문에 오랜 시간 기다려야 한다. 다시 말해 영화처럼 두꺼운 거미줄을 끊임없이 뽑아내며 빌딩 사이를 옮겨 다니는 것은 불가능하다는 얘기다.

스파이더맨의 거미줄 발사기는 영화 개봉 전부터 골수팬들 사이에서 논란이 됐다. 원작 만화에서는 과학에 재능을 지닌 파커가 거미줄을 발사할 수 있는 별도의 기계장치를 발명해내는 것으로 설정돼 있다. 그러나 영화에선 기계장치 없이 파커의 팔목에 구멍이 생기고 그곳에서 거미줄이 발사된다고 설정되어 있다.

원작 만화의 골수팬들은 사람 몸속에서 나오는 거미줄이 아주 먼 곳까지 정확하게 발사되고 엄청난 충격까지 견딜 수 있다는 설정 자체가 비현실적인 데다, 몸속에서 그렇게 많은 거미줄이 생성된다는 설정도 사실성을 떨어뜨린다고 주장했다. 그래서 생체 거미줄 발사기에 대한 안티사이트까지 만들며 반대하기도 했다. 여러모로 스파이더맨은 영화 속 주인공으로만 만족해야 할 것 같다.

Cinema

26

'에볼라 바이러스' 를 알면 영화가 더욱 재밌다

아웃브레이크

Outbreak

오늘날 세균이나 바이러스가 일으키는 전염병은 전체 사망 원인의 절반 정도를 차지한다. 이 중 말라리아와 결핵은 현재도 여러 가지 사망 원인들 중에서 수위를 다투고 있으며, 그중에서도 전 세계적으로 매년 약 300만 명의 사망자를 낳는 결핵이 근소한 차이로 말라리아를 앞서고 있다. 1918년 전 세계를 패닉 상태에 빠트린 '스페인 인플루엔자' 바이러스의 경우 그 사망자 수가 적게 잡아도 5000만 명을 웃돈다.

비록 현대 의학의 발달로 지구상에서 천연두가 멸종했다는 선언이 나오고 소아마비와 디프테리아의 위협이 크게 감소되었지만, 약품과 항생제에 저항력을 키운 더욱 지독한 병원체들은 여전히 살아남아 있으며, 에이즈나 에볼라 바이러스, 레지오넬라 균과 같이 치명적인 병원체들도 등장했다.

그렇다면 인류가 눈에 보이지도 않는 1마이크론 크기의 바이러스에 의해 멸종하게 될지도 모른다는 가상 시나리오가 가능한데, 이처럼 인간이 바이러스와 생존을 놓고 전쟁을 벌이는 내용의 영화가 있다. 더스틴 호프만과 모건 프리먼이 주연을 맡은 〈아웃브레이크〉가 바로 그것이다. '아웃브레이크'란 바이러스가 크게 창궐하여 전염병이 집단 발생하는 상황을 의미하는 과학 용어다.

이 영화는 바이러스를 연구하는 생물학자들이 잘 만들어진 과학 영화라고 손꼽는 작품으로, 바이러스가 전염되는 과정이나 그것을 막기 위해 노력하는 과학자들의 모습이 그럴듯하게 묘사되어 있어서 높은 점수를 얻었다. 이 영화는 1976년 자이르와 수단에서 괴질이 집단 발병하면서 알려지게 된 에볼라 바이러스를 모델로 하고 있으며, 실제로 에볼라 바이러스가 '아웃브레이크'했던 사건들과 상황 설정이 유사하다. 그렇기 때문에 에볼라 바이러스를 연구하는 과학자들에게는 영화가 더욱 재미있었으리라. 우리도 에볼라 바이러스에 대해 약간의 지식을 가지고 이 영화를 본다면 영화를 좀 더 재미있게 즐길 수 있을 것이다.

모든 세포를 파괴시키는 1마이크론의 위력

에볼라 바이러스는 유행성 출혈열 증세를 일으키는 바이러스의 일종이다. 길이 1마이크론 정도의 길다란 막대기 모양을 하고 있는 이 바이러스는 1967년 자이르의 에볼라 강에서 처음 발견돼 '에볼라 바이러스' 라는 이름이 붙었다. 에볼라 바이러스가 처음 일반에 알려지게 된 것은 1976년 자이르와 수단 지방에서 '아프리카 유행성 출혈열' 이 집단 발병하여 600명 가까이 감염되고, 그중 420명 이상이 사망한 사건을 통해서였다.

아프리카 유행성 출혈열이라 불리는 이 괴질은 감염된 지 4~16일 후엔 감기와 같은 두통, 고열, 근육통, 식욕 감퇴 등의 증세를 보이지만 그 후 설사, 구토, 탈수를 동반하면서 근육 조직과 소화 기관, 특히 신장과 간 같은 장기들의 세포 하나하나가 파괴되면서 출혈이 일어난다. 에볼라 바이러스는 혈소판과 같이 혈액을 응고시키는 세포까지 파괴하기 때문에 결국 모든 세포들이 피를 쏟으며 5일 안에 사망하게 만든다. 치사율은 70퍼센트에서 높게는 90퍼센트에 이른다. 아직까지 예방법과 치료법을 밝혀 나가고 있는 상태지만, 다행히 공기로 전염되지 않아서 널리 퍼지지는 않았다.

영화 〈아웃브레이크〉는 에볼라 바이러스가 처음 등장했던 자이르의 한 마을에서 시작한다. 알 수 없는 괴질로 마을 사람들이 모두 죽어가고, 의료지원 부대는 환자들을 치료하는 대신 마을을 폭격한다. 미국 육군 전염병 의학연구소에서 바이러스를 연구하는 샘(더스틴 호프만)과 그 일행은 마을로 파견된다. 헬멧을 쓰고 바이러스 차단복을 입고 마을에 들어선 일행은 괴질로 죽어가는 환자들의 참상을 목격하게 된다. 그중 한 신참 대원은 환자들이 끔찍하게 죽어가는 모습에 구역질을 일으키며 헬멧을 벗으려 한다. 그러나 바이러스에 노출되는 것을 막기 위해 다른 대원들은 필사적으로 그를 말린다. 이때 등장하는 마을 원주민 왈, "공기로 전염되지는 않으니 걱정 마세요!" 에볼라 바이러스와 똑같다.

영화에 등장하는 바이러스의 자연 숙주(바이러스가 치명적인 피해를 주지 않고 기생하며 살 수 있는 생명체)는 자이르에 살고 있는 원숭이로 설정되어 있다. 원숭이의 몸에서는 아무 일 없던 바이러스가 인간에게 옮겨와서는 끔찍한 괴질을 일으킨 것이다. 바이러스를 품은 원숭이 한 마리가 배를 타고 미국으로 건너오면서 미국의 작은 마을은 한순간에 괴질에 대한 공포로 휩싸인다. 질병의 증세도 에볼라 바이러스와 같다. 처음에는 감기 증세처럼 열이 나고 춥다가 피를 흘리며 죽어간다. 치사율 100퍼센트.

그런데 여기에 미 군부의 음모가 얽혀 있다. 미 군부는 오래전부터 생화학전에 대비해 이 바이러스를 치료할 수 있는 백신을 비밀리에 개발해 놓았다. 그러나 이러한 사실이 노출되는 것을 꺼려 사상자가 발생하는데도 아무런 조치를 취하지 않는다. 군부의 지휘관으로 등장하는 배우가 바로 모건 프리먼과 도널드 서덜랜드(줄리아 로버츠의 연인이었던 배우 키퍼 서덜랜드의 아버지)다. 더스틴 호프만은 바이러스의 위험성을 경고하며 바이러스 백신을 개발하려 나서고, 모건 프리먼은 자신들의 음모가 탄로 날 것을 두려워한 나머지 그를 다른 연구 팀으로 보낸다. 그러자 더스틴 호프만은 모건 프리먼에게 항의한다. "왜 저를 이 일에서 손 떼게 하려는 겁니까? 저 대신 피터슨을 그곳으로 보내세요! 저는 이곳에 남겠습니다." 미국 질병퇴치연구센터CDC에서 일하는 연구원들이라면 이 장면에서 박장대소할 수밖에 없었을 것이다. 바로 에볼라 바이러스에 관해 가장 유명한 전문가가 CDC 전염병 연구 팀장인 피터슨C. J. Peterson 박사이기 때문이다.

한편 괘씸하게도 이 영화에서는 바이러스가 미국으로 건너오게 된 결정적인 계기를 제공하는 배가 한국인들의 선박으로 설정되어 있다. 이름도 자랑스런 태극호. 영화를 보면 우리말 대사도 들리는데 이 장면으로 인해 이 영화는 한국에서 개봉되지 못할 뻔했다.

영화만큼 끔찍했던 사건

영화에서 공기로 전염되지 않던 바이러스는 미국으로 건너온 원숭이 몸 안에서 돌연변이를 일으켜 공기로도 퍼지는 성질을 갖게 된다. 한 보균자가 극장에서 영화를 보면서 극장 안 관객들은 모두 괴질에 걸리게 된다. 이 장면 역시 에볼라 바이러스에서 힌트를 얻은 것으로 보인다.

실제로 1989년 미국 버지니아 주 레스턴에서 이와 비슷한 끔찍한 일이 발생했다. 에볼라 바이러스를 연구하기 위해 사육한 동물 실험실의 필리핀산 원숭이들이 집단적으로 에볼라 바이러스에 감염된 것이다. 더욱 신기한 것은 그들이 모두 다른 우리에 갇혀 있었다는 사실이다. 알고 보니 에볼라 바이러스가 변이를 일으켜 공기로도 전염되는 변종이 생겨났고, 그로 인해 수천 마리의 원숭이들이 에볼라 바이러스에 감염되었던 것이다. '에볼라 레스턴Ebola Reston' 이라 불리는 이 변종은 원숭이들의 대소변에 섞여 먼지 형태로 공기 전염이 일어났다.

영화에서처럼 헬멧을 쓰고 차단복을 입은 군인들이 사육 시설의 주위를 완전히 막고 내부로 들어가 원숭이들을 한 마리씩 죽였으나, 이 변종은 인간에겐 감염을 일으키지 않는 것으로 나중에 밝혀졌다. 그래서 다행히 인명 피해는 없었지만, 미국인들에게는 이 사건이 얼마나 충격적인 경험이었을까? 공기로 전염되는 변종이 생겨날 수 있다는 설정은 아마도 이 사건을 염두에 둔 것이 아닐까 싶다.

그러나 공기로 전염이 안 되는 바이러스가 공기로도 전염되는 변종으로 바뀔 확률은 생물학적으로 매우 낮다. 바이러스가 숙주 밖에서도 살 수 있도록 안전한 코팅으로 감싸져 있어야 하고 특히 호흡기를 감염시켜야 하는데, 이런 변종이 발생할 확률은 매우 희박하다고 볼 수 있다. 그러나 절대 없으란 법이 또 어디 있으랴! 만약 에이즈 바이러스가 공기로도 감염되는 변종을 일으킨다면 인류는 멸종되고 말 것이다.

왜 집단 발병했는가

르네 루소가 열연했던 더스틴 호프만의 전 아내 역시 바이러스 전문가다. 그녀는 바이러스 감염자를 돌보다가 주사기 바늘에 찔려 바이러스에 감염된다. 그녀의 증세가 점점 심해지면서 영화는 종반으로 치닫고, 결국 더스틴 호프만 일행은 변종을 일으킨 바이러스에 대한 백신을 개발해낸다.

르네 루소가 에볼라 바이러스에 감염되는 과정 역시 그럴듯하게 그려지고 있다. 실제로 지금까지 에볼라 바이러스가 크게 발병한 적은 모두 네 번 있었다. 1976년 자이르와 수단에서 발병한 사건 외에도, 1979년 수단에서 34명이 감염되어 22명이 사망했다. 또 1995년에는 자이르 키크위트 지방에서 집단 발병하여 245명을 죽음으로 몰아넣었다. 그런데 이 모든 집단 발병의 특징은 환자를 치료하는 의료 기관에서 일어났다는 점이다. 자이르나 수단 같은 아프리카 국가들에서는 환자에게 한 번 사용했던 주사기를 다시 사용하는 것이 보편적인 일이라고 한다. 그러니 바이러스가 환자들 사이에서 순식간에 집단 발병하는 것은 당연하다. 심지어 1995년의 집단 발병은 한 환자가 에볼라 바이러스에 감염된 상태에서 수술을 받는 바람에 의료팀을 통해 바이러스가 병원 전체로 퍼진 것이었다고 한다.

이제는 이 영화의 제작진들이 에볼라 바이러스에 대해 얼마나 많은 공부를 한 후에 이 영화를 만들었는지 짐작할 수 있을 것이다. 그러나 이 영화에도 과학적인 오류는 있다. 아주 재미있는 '옥에 티'가 하나 있는데, 영화에서 바이러스 집단 발병의 주범이었던 '원숭이'가 바로 그 주인공이다. 영화에서는 바이러스의 자연 숙주로 등장하는 원숭이가 자이르 지방에 사는 원숭이로 소개되는데, 실제로 영화에 등장한 원숭이는 아프리카에는 살지 않는 남미산 꼬리감는 원숭이 카푸친Capuchin, Cebus Capucinus이라는 종이다. 미국인들에게 친숙한 원숭이라 영화에 등장시키지 않았나 싶다.

학자들마다 서로 견해가 다르겠지만, 〈아웃브레이크〉나 〈12 몽키즈[12 Monkeys]〉에서처럼 바이러스에 의해 인류가 멸망할 가능성은 매우 높은 편이다. 이미 발견된 바이러스보다 아직 발견되지 않은 바이러스가 훨씬 더 많고, 언제든지 우리는 그것들에 노출될 가능성이 있기 때문이다. 만약 그중에서 인체에 치명적이고, 공기나 물로 쉽게 전염되며, 에이즈처럼 잠복기가 길어서 보균자가 미처 자신의 감염 사실을 눈치채지 못하고 주변 사람들과 접촉을 하는 경우, 그리고 바이러스 스스로 끊임없이 변종을 만들어내서 백신 개발이 어려운 경우라면 인류는 순식간에 종말을 맞게 될 것이다. 한 예로 오스트레일리아에서 퍼진 제1세대 점액종증에 걸린 토끼는 1000마리당 2마리만이 살아남았다고 한다. 이것이 충분한 증거가 되지 않을까?

그러나 우리를 안심시키는 주장도 있다. 많은 경우 바이러스는 숙주가 완전히 전멸하지는 않도록 어느 정도 배려해주는 것 같다는 보고가 있다. 말라리아는 매년 3억 명 정도가 감염되지만, 그중에서 200만 명 이상은 죽지 않도록 말라리아 균이 특별히 배려하고 있는 것처럼 보인다고 바이러스 연구학자들은 말한다. 바이러스가 숙주인 인간을 모두 말살시킨다면, 숙주의 몸 안에서만 살 수 있는 바이러스에게도 결코 좋은 일이 아닐 테니 일리 있는 주장인 것 같다.

Cinema
27

미키마우스도 진화한다

미키마우스
Mickey Mouse

스티븐 스필버그 감독이 만들어낸 외계인 E.T.의 모습이 진화론에 토대를 두고 만들어졌다는 사실은 다들 잘 알고 있을 것이다. 스필버그는 인간보다 고등한 생명체가 우주 어딘가에 살고 있다고 믿었다. 그는 영화 〈E.T.〉에 등장할 고등 문명을 가진 외계인의 모습을 떠올리기 위해 UFO에서 외계인을 보았다는 목격자들과 인터뷰를 하고 저명한 우주

생물학자들의 의견을 참고하는 등 무진 애를 썼다.

그러나 그가 수십억 광년 이상 떨어진 먼 우주에 살고 있는 외계인의 모습을 찾은 곳은 다름 아닌 바로 우리들의 모습에서였다. 그는 먼 미래에 지금보다 더욱 뛰어난 고등동물로 진화해 있을 인간들의 모습을 상상해보았다. 문명이 발달한 미래의 인류는 과연 어떤 모습일까? 우리보다 지능이 발달해 있을 그들은 아마도 우리보다 더 큰 머리를 가졌을 것이다. 교통수단의 발달은 다리를 짧게 퇴화시켰을 것이며, 컴퓨터 자판을 두드리며 살아갈 그들의 손가락은 지금보다 훨씬 길 것이다. 운동 부족으로 배가 불룩 튀어나왔을 것이며, 머리카락은 점점 퇴화되어 대머리가 되어 있을 것이라는 애교 있는 상상도 빠뜨리지 않았다. 이렇게 해서 식빵같이 생긴 E.T.가 탄생되었다고 한다.

이렇듯 감독이 생각해낸 E.T.의 모습에는 '진화'라는 생물학적 개념이 바탕에 있다. 먼 우주에 존재하는 외계인이라 하더라도 진화라는 자연의 법칙으로부터 자유로울 수는 없을 것이라는 생각에서였을 것이다. 그렇다면 미래의 인류는 정말로 E.T.의 모습처럼 진화해갈 것인가?

다행히도 그렇지는 않을 것 같다. 우선 컴퓨터 자판을 많이 쓴다고 해서 진화적으로 손가락이 길어지는 것은 아니다. 잘 알다시피 획득형질은 유전되지 않기 때문이다. 환경에 의해 얻어진 특징이 자손에게 유전된다는 증거는 아직 없다. 손가락이 길면 생존에 유리하기 때문에 자연선택적으로 손가락이 긴 사람들만이 살아남을 것이라는 주장을 도입해보기에도 근거가 빈약하다. 손가락이 길다고 해서 컴퓨터 능력이 뛰어난 것은 아닐뿐더러 아무리 먼 미래라 하더라도 컴퓨터를 못 다룬다고 자연

도태되지는 않을 것이기 때문이다.

더욱 재미있는 사실은 문명이 발달할수록 머리가 점점 커질 것이라는 상상은 잘못된 것이라는 점이다. 지능이 발달하고 머리를 많이 쓴다고 해서 머리가 커지지는 않는다. 현대인의 두뇌가 4만 년 전에 살았다고 추정되는 크로마뇽인의 두뇌에 비해 단 1센티미터도 진화적으로 달라지지 않았다는 고고학적인 사실이 이를 뒷받침한다. 우리들이 일상적으로 처리하는 정보는 크로마뇽인의 그것과는 비교가 되지 않을 정도로 증가했을 텐데 4만 년 동안 인간의 두뇌 크기가 증가했다는 보고는 아직 없다.

키가 E.T.처럼 작아질 것이라는 점도 사실과 다르다. 인류의 키는 그동안 조금씩 커져왔으며, 특히 최근 수십 년간 인간의 평균 신장은 10센티미터 이상 증가했다. 영양 상태가 더욱 좋아질 미래에도 이러한 경향은 지속될 것이다. 그러나 불행하게도 배가 나오고 머리털이 퇴화될 것이라는 상상은 왠지 설득력이 있어 보인다. 이미 내 몸에서도 진화의 징후가 보이기 때문이다.

미키마우스는 원래 호리호리했다

미국 하버드대 진화생물학자 스티븐 제이 굴드Stephen Jay Gould는 우연히 미키마우스가 등장하는 디즈니 만화 영화를 보다가 만화 영화의 세계에서도 '진화의 법칙'은 유효하다는 재미있는 사실을 발견했다. 월트 디즈니 만화 캐릭터 가운데 가장 인기 있는 미키마우스는 1928년 최초의 유성 만화 영화 〈증기선 윌리Steamboat Willie〉에서 처음 소개되었다. 미키마우스의 그림은 디즈니Walt Disney의 주문에 따라 어브 이웍스Ub Iwerks가 그렸고 목소리는 디즈니 자신이 맡았다. 미키는 100편이 넘는 단편 만화에서 주인공으로 등장했고 종종 여자 친구인 미니마우스와 함께 등장하기도 했다. 미키마우스는 가장 미국적인 캐릭터로 명성을 얻었으며, 1932년 디즈니는 미키마우스를 만든 공로로 아카데미 명예상을 받았다.

미키마우스는 이제 전 세계 어린이들에게 가장 많은 사랑을 받는 만화 주인공이 됐지만 초기에 출연한 영화 속 모습은 지금처럼 사랑스럽지만은 않았다. 그 당시 미키마우스는 다른 동물들을 학대하거나 괴롭히는 모습을 보이기도 했다. 그는 집오리를 꼭 끌어안아 울음소리를 내게 만들고, 염소의 꼬리를 빙빙 돌리고, 돼지의 젖꼭지를 꼬집고, 실로폰 대용으로 암소의 이를 마구 두들겨대고, 암소의 젖을 백파이프마냥 불어대는 등 제멋대로 행동하는 개구쟁이 생쥐였다. 그러다 전 세계 어린이들에게 엄청난 사랑을 받게 되고 미국의 국민적인 상징으로 떠오르게 되자, 미키는 자신의 행동을 바로잡아야만 했다. 미키의 사회적인 영향력이 증대되면서 그가 상식에서 벗어난 행동을 하기라도 하면, 어린이들과 그들의 부모들로부터 숱한 항의 편지를 받았던 것이다. 그때부터 미키는 서서히 온순하고 부드러운 성격으로 변해갔다.

그런데 재미있는 것은 미키가 과거에 비해 부드럽고 비공격적인 성격으로 바뀌면서 차차 그 외모도 어린아이의 모습으로 변하게 되었다는 사실이다. 만화 속의 주인공인 미키는 나이가 전혀 들지 않았기 때문에 이러한 변화는 성장이라기보다는 진화적인 변형으로 보는 것이 타당하다.

갓 태어난 아기들은 상대적으로 큰 머리와 중간 크기의 몸통, 그리고 짧은 팔다리를 가지고 있다. 그러나 성장하면서 유아 시절 공 모양이었던 두개골은 점점 갸름해지고, 눈썹의 위치는 낮아져 차츰 성인의 모습으로 변해간다. 눈은 거의 성장하지 않기 때문에 상대적으로 그 크기는 급속히 줄어든다. 따라서 아이들은 성인보다 상대적으로 큰 머리와 큰 눈, 작은 턱, 크게 부풀어 오른 두개골, 작고 땅딸막한 다리와 발을 가진다.

그러나 미키는 이러한 개체 발생의 경로를 역행해왔다. 〈증기선 윌리〉에 나오는 초라한 생쥐와 같은 캐릭터가 마법의 나라에 사는 귀엽고 악의 없는 주인공이 됨에 따라 용모가 점점 어리게 변해간 것이다. 작고 길쭉한 눈은 크고 동그란 형태로 바뀌어갔으며, 두개골은 점점 부풀어 올랐다. 디즈니의 만화가들은 미키의 다리가 아이들처럼 짧고 땅딸막하게 보이도록 바지의 위치를 내렸고 그의 호리호리한 다리에 헐렁한 옷을 입혔다. 동그란 머리를 강조하기 위해 커다란 귀는 약간 뒤쪽으로 옮겼으며, 경사진 이마는 둥근 형태로 바꾸었다. 코도 좀 더 볼록하게 만들었다.

미키마우스 생존의 비밀

여기서 우리가 진지하게 생각해볼 문제는 왜 디즈니가 자신의 만화 캐릭터를 일정한 방향으로, 그토록 서서히 변화시켰는가 하는 점이다. 아마 시장 조사 담당자들은 어떤 용모가 귀엽고 친숙한 느낌으로 대중들에게 호소력을 가지는지 알기 위해서 상당한 시간을 할애했을 것이다.

콘라트 로렌츠C. Lorents는 그의 가장 유명한 논문에서, 인간은 아이와 성인 사이에 나타나는 형태상의 차이를 행동의 중요한 신호로 사용한다고 인간은 과연 어떻게 진화할 것인가?
그것을 '진보' 라고 부를 수 있을까?

©Dmitry Skvorcov | Dreamstime.com

주장했다. 그는 유아성을 나타내는 여러 가지 특징들이 어른들에게 아기에 대한 애정과 양육하고자 하는 욕구를 불러일으키는 '선천적인 격발 메커니즘' 의 방아쇠를 당긴다고 생각했다. 누구나 한 번쯤 유아적인 용모를 가진 동물을 보고 자신도 모르는 사이에 따뜻하게 품어주고 싶은 마음을 경험한 적이 있을 것이다. 다시 말해 유아적인 특징은 어른들에게 강한 애정을 유발시키는 경향이 있다. 사람들의 애정을 먹고 사는 미키마우스는 그 외모가 어린아이의 모습으로 변화되고 진화함으로써, 적자생존과 약육강식의 법칙이 통용되는 할리우드 영화판에서 이제껏 살아남을 수 있었던 것이다.

그러나 미키마우스가 어린아이의 모습이라는 일정한 방향으로 변화했

다는 사실이 진화의 방향이 이미 정해져 있다거나 특정한 목적을 향해 내달리고 있다는 것을 의미하지는 않는다. 실제로 진화는 특정한 목적을 향해 나가는 것이 아니다. 다만 생존을 위해 끊임없이 환경(혹은 상황)에 맞춰 변해가는 것뿐이며, 진화의 방향을 결정하는 것은 오로지 생존뿐이다.

다시 읽는 진화론

찰스 다윈이 1859년 그의 저서 《종의 기원》에서 처음으로 진화론을 주장했을 때, 그것은 당시 사회로서는 받아들이기 힘든 주장이었다. 다윈의 진화론은 크게 다섯 가지 핵심 개념으로 정리해볼 수 있다.

첫 번째는 자연계를 포함한 이 세계는 끊임없이 진화한다는 것이다. 세계는 항상 일정하다거나 최근에 만들어졌다거나 영원히 순환하는 것이 아니라, 꾸준히 변화하고 있다는 것이다. 두 번째 개념은 공동 후손, 즉 모든 생물 무리들이 공동 조상에서 기원했으며 모든 생물들이 궁극적으로는 지구상에 단 한 번 존재했던 생명체로부터 유래했다는 것이다. 세 번째는 종의 증가로, 엄청나게 많고 다양한 생물의 기원에 관한 이론이다. 즉, 지리적으로 격리된 집단에 의해 한 종에서 두 자손 종이 만들어지거나 한 종에서 다른 한 종이 만들어지게 되어 종의 수가 증가해왔다는 것이다. 네 번째 개념은 단계주의로, 이에 따르면 진화적인 변화는 개체군의 단계적인 변화에 의해서 일어난 것이지 갑작스럽게 새로운 개체가 만들어지지는 않는다. 마지막 개념은 진화론의 가장 핵심적인 이론이기도 한 자연선택이다. 진화적 변화는 각 세대마다 유전적인 변이가 많이 만들어지고, 다음 세대로 전해진 유전 형질 가운데 특별히 잘 적응한 유전 형질의 조합을 지닌 개체들만이 살아남게 되어 다음 세대를 이루게 된다는 것이다.

당시 사회의 가장 기본적인 믿음을 생각해보면, 다윈의 주장이 얼마나 도전적인 것이었나를 알 수 있다. 이러한 믿음 가운데 몇 가지는 기독교 교리의 중심 사상이었다.

첫 번째는 진화 자체를 부정하는 것으로서, 세계가 불변한다는 믿음이다. 지진이나 홍수같이 소규모의 혼란은 있었지만, 창조 이래 물질적으로 세계는 변화하지 않았다는 생각이 1859년까지 널리 퍼져 있었다. 두 번째는, 세계는 창조되었고 종의 다양성은 창조에 의한 결과물이며 종 하나하나가 창조자에 의해 만들어졌다는 믿음이다. 현명하고 자비로운 창조자에 의해 세계가 설계되었기 때문에, 생물체들이 물리적 · 생물학적 환경 속에서 적응하는 것은 진화를 통해서가 아니라 전지전능한 창조자가 설계했기 때문이라고 굳게 믿고 있었다. 세 번째는 창조에서 인간은 독특한 위치에 있다는 믿음이다. 세계는 인간 중심으로 설계되었으며, 인간에게는 동물이 가지지 못한 영혼이 있다고 믿었다. 따라서 인간과 동물 사이에는 어떠한 중간 단계도 없다는 것이다.

이러한 믿음이 팽배해 있던 19세기 중엽, 다윈의 진화론은 사회의 도덕적 기반을 위협하는 불온한 사상으로 공격받았으며, 원숭이 몸통을 가진 다윈의 모습 등 희화된 그림들이 신문과 책에 도배되기도 했다.

아직도 많은 논쟁의 불씨가 되고 있긴 하지만, 오늘날 진화론은 과학자들의 가장 확고한 신념이 되었다. 유전학과 분자생물학의 발달로 유전 메커니즘을 충분히 이해하게 되면서 진화생물학은 현재 가장 중요한 생물학의 한 가지로 뻗어나가고 있다. 스티브 호킹은 한 강연회에서 앞으로 100년 안에 인류는 우리의 의지와는 상관없이 지금까지와는 전혀 다른 신인류로 진화해나갈 것이라고 말한 바 있다. 그의 말이 사실이 아니라고 해도 인류가 조금씩 진화해나갈 것임엔 틀림없다. 그것이 '진보' 라고 말하기는 힘들겠지만.

그렇다면 과연 우리는 어디로 가고 있는 것일까? 다윈의 진화론은 이 문제에 대해 우리에게 어떤 답을 들려줄 수 있을까? 아마도 과학자들은 이 문제에 대한 해답을 준비해두어야 할 것이다. 생명체의 진화를 연구하는 것은 우리가 도대체 어디서 비롯되었는가를 알아내기 위해서만은 아니다. 인류의 역사와 문명 그리고 진화가 과연 어떻게 전개될 것인가에 답할 수 없다면, 그 시작점을 찾는다는 것이 얼마나 허탈한 일인가? 그러나 다윈이라면 아마도 확신에 찬 어조로 이렇게 말할 것이다. '진화의 방향은 정해져 있지 않기 때문에 아무도 알 수 없다' 고.

| 동시상영 |

진화를 알면 외계인이 보인다

과학자들은 적당한 환경만 마련된다면 우주 어디에서든 생명체가 존재할 수 있다고 믿는다. 외계인의 모습이 우습거나 흉측할지라도, 그것은 환경에 적응하고 진화한 그들 나름의 '노력의 산물' 이다. 영화 속에 등장하는 외계인들의 모습을 살펴보면 지구상에 존재하는 생명체들을 빚어낸 진화의 '보이지 않는 손' 을 느낄 수 있을 것이다.

바다는 생명이 탄생하기에 가장 알맞은 환경을 제공해준다. 외계 생명체의 모습이 해파리 같은 수중 생물의 모습을 하고 있다면, 그 녀석이 살고 있는 행성은 중력이 약하거나 바다로 뒤덮여 있다는 얘기다. 〈어비스The Abyss〉에 등장하는 외계 생명체는 물의 형태를 하고 있다. 영화 〈솔라리스Solaris〉에는 아예 바다 자체가 거대한 생명체로 나온다. 지구도 20억 년이 넘게 수중 생물이 지배하고 있었다. 그새 외계인들이 지구를 다녀갔다면 그들의 SF영화에는 해파리 모양의 지구 생명체가 외계인으로 등장했을 것이다.

곤충이나 파충류 모양의 외계인이 영화에 자주 등장하는 이유는 무엇일까? 곤충은 가장 생명력이 강한 종족이다. 단단한 외피와 닥치는 대로 갉아먹는 식성, 놀라운 번식력으로 어떠한 악조건에서도 살아남을 수 있다. 〈스타쉽 트루퍼스〉에 등장하는 외계인들이 곤충의 모양을 하고 있는 것도 사막과 같은 열악한 환경에서 살아남기 위해서다. 어떤 과학자들은 만약 핵전쟁으로 인류가 멸망한다면 바퀴벌레가 지구를 지배할 것이라고 추측한다. 그러나 〈스타쉽 트루퍼스〉에서처럼 거대한 크기를 유지하기 위해서는 곤충의 외피 정도로는 부족하다. 거대한 체구를 지탱하려면, 행성의 중력이 약하지 않는 한, 외피의 강도가 훨씬 높아야 한다.

파충류는 곤충들처럼 생명력이 강할 뿐 아니라, 지구와 유사한 중력 환경에서도 존재할 수 있도록 단단한 골격 구조를 가진 척추동물이다. 곤충보다 좀 더 진화된 형태이기 때문에 파충류 모양의 외계인은 TV 시리즈 〈브이[V]〉나 〈에일리언〉에서처럼 지능적일 수도 있다.

고등 문명을 가진 외계인들은 대개 인간과 유사한 모습을 하고 있다. 영화 〈E.T.〉나 〈화성 침공〉의 외계인들은 다윈의 진화론을 바탕으로 정교하게 만들어졌다. E.T.는 자주 쓰는 머리와 손가락이 비정상적으로 발달해서 몸에 비해 비대하고, 첨단 교통 장비 때문에 다리는 기형적으로 짧다. 필요 없는 털이나 머리카락도 퇴화돼버렸다. 〈화성 침공〉에 등장하는 화성인들은 고도 문명의 주인답게 쭈글쭈글한 대뇌의 주름이 대부분의 머리를 차지하고 있다.

우리는 앞으로 어떤 모습으로 진화해갈 것인가? E.T.처럼 대머리에 숏다리 배불뚝이가 미래의 우리 모습일까? 그렇다면 신이시여, 여기서 진화를 멈추게 해주옵소서!

Cinema

28

방귀라는 생체 천연가스의 비밀

달과 꼭지

La Teta y la Luna

'방귀' 하면 가장 먼저 떠오르는 동물은 스컹크다. 중고등학교 때 '스컹크' 라는 별명을 가진 친구들이 반에 한두 명씩은 꼭 있었는데, 보통 이 별명은 고약한 방귀를 시도 때도 없이 터뜨려 온 교실을 화생방 상태에 빠뜨리는 아이들에게 붙여진다. 그러나 사실은 스컹크가 내뿜는 악취는 방귀가 아니다. 스컹크나 족제비는 적을 만나면 적의 공격을 피하기 위한 방어기제로 항문선에서 고약한 악취를 방출하는데, 이것을 두고 사람들이 방귀라고 생각한 것이다. 스컹크는 목숨 걸고 하는 짓인데, 억울하게도 우스꽝스런 동물이 되어버렸다.

그렇다고 해서 동물들이 방귀를 뀌지 않는다는 것은 아니다. 직접 냄새를 맡아본 적은 없지만 대부분의 짐승들, 새나 물고기 심지어는 곤충들까지 방귀를 뀐다고 한다. 그 녀석들도 소화가 잘 안 될 때가 있을 테니까.

방귀는 항상 우리의 일상과 함께하지만 간혹 우리를 불편하게 하곤 한다. 누구나 한 번쯤은 실수를 하지 말아야 할 곳에서 실수를 하거나, 실수를 하지 않기 위해 안간힘을 써본 경험이 있을 것이다. 왜 하필 중요하고 긴장되는 순간에 내 엉덩이는 바람을 갈라야만 하는 건지.

많은 사람들이 궁금해하는 것 중의 하나가 바로 과연 방귀에 불이 붙을까 하는 것이다. 영화에도 가끔 그런 장면들이 나온다. 가장 대표적인 영화가 〈달과 꼭지〉와 〈덤 앤 더머Dumb & Dumber〉. 유년기의 성적 환상을 그린 영화 〈달과 꼭지〉에는 서커스단에서 묘기를 부리는 부부가 나온다. 남편이 부리는 묘기는 다름 아닌 엄청난 양의 방귀를 뿜어대는 일. 음악과 함께 무대가 밝아지면 남편은 무대에서 커다란 소리와 함께 방귀를 뀐다. 그러면 사랑스런 아내는 그의 엉덩이 뒤에서 방귀에 불을 붙인다. 방귀로 한줄기 불기둥을 뿜아내는 것이 서커스의 하이라이트다. 〈덤 앤 더머〉에도 짐 캐리가 친구들을 즐겁게 해주기 위해 방귀에 불을 붙이며 익살을 떠는 장면이 나온다.

그렇다면 정말로 방귀에 불이 붙을까? 방귀에는 불에 붙는 인화성 가스인 메탄가스가 포함돼 있다. 그래서 원리적으로는 방귀에 성냥불을 갖다 대면 '펑' 하고 불꽃이 일어야 한다.

방귀 점화 실험 프로젝트

1998년 크리스마스를 며칠 앞둔 어느 날, SBS 인기 과학 프로그램 〈호기심 천국〉의 방송작가에게서 전화가 왔다. 언젠가 내가 〈동아일보〉 과학 칼럼에 방귀에 대해 쓴 적이 있는데, 실제로 방귀에 불을 붙이는 실험을 한번 해보자는 것이었다. 방귀에 불이 붙는지 물어오는 시청자가 수백 명이 넘는다고 했다. 그러나 막상 실험을 해보자고 하니 솔직히 겁이 좀 났다. 만약 불이 안 붙으면 어떻게 하나? 왜냐하면 나도 아직 그 간단한 실험을 해본 적은 없었기 때문이다.

실험을 설계하는 것이 가장 중요했다. 한 번의 방귀에 포함된 메탄가스만으로는 불이 붙지 않을 수도 있으니 여러 사람의 방귀를 모아야 하는데, 문제는 모으는 방법이었다. 좌약식 튜브를 항문에 꽂아 모으면 조금의 빈틈도 없어 확실하겠지만, 〈호기심 천국〉은 온 가족이 함께 밥을 먹으면서 보는 저녁 프로그램인지라 이런 실험은 불가능했다. 진짜 생체실험 같기도 하고. 그래서 깔때기에 앉아서 방귀를 뀌도록 한 뒤, 알루미늄 풍선에 채워서 거대한 주사기 안에 한데 모으기로 했다. 실험은 대성공. 거대한 주사기 앞에 불을 대고 방귀를 뿜어내자 불꽃이 일었다. 이론적인 내 칼럼의 내용이 실험으로 증명된 순간이었다.

그런데 모든 사람의 방귀가 다 불이 붙는 것은 아니고, 전체 인구의 10

퍼센트 정도가 불이 붙는 방귀를 뀐다고 한다. 한편 고구마에는 전분 성분이 들어 있어 메탄을 많이 만들어낸다고 알려져 있다. 따라서 고구마를 먹었을 땐 각별히 천연가스 안전사고에 유의해야 할 것이다. 게다가 방귀로 인해 가스 경보기가 울릴 수도 있으니 가스 경보기 앞에서는 각별한 주의가 필요하겠다.

이와 관련해서 이장규라는 사람이 쓴 고서에는 방귀에 관한 우리 조상들의 가슴 아픈 사연 하나가 소개돼 있다. 암울했던 일제강점기. 우리 나라의 무수한 장정들은 영문도 모른 채 전장으로 끌려 나가 고된 노동에 시달려야만 했다. 그들은 일과 후 몰려오는 고독과 고향에 대한 향수를 심심풀이 장난으로 달랬는데, 그러던 중 누군가가 우연히 방귀에 불이 붙는다는 사실을 알아냈다. 만반의 준비가 갖춰진 장정이 나서면 즉시 바지를 내리고 엉덩이를 들게 한 뒤 성냥을 그어댔다. 때로는 폭발력이 너무 강해 항문 주위에 화상을 입는 장정이 속출하기도 했다. 그러던 어느 날 이 은밀한 놀이가 일본인들에게 발각되고, 연료 개발에 혈안이 돼 있던 일본인들은 조선인들의 방귀를 연료로 사용할 생각을 하게 된다. 그들은 징용자들에게 억지로 고구마를 먹이고 간단한 체조를 시킨 다음, 목욕탕으로 보내 방귀를 수거하는 고되고 지루하고 치사한 생체 실험을 자행했다고 한다. 일본인의 만행이 어느 정도였는지 짐작할 수 있는 일화다.

그렇다면 방귀를 연료로 사용할 수 있을까? 방귀가 얼마나 좋은 연료인지는 알 수 없지만, 재래식 화장실에서 퍼온 오물에서 발생된 천연가스가 연료로 사용된다는 것은 잘 알려진 사실이다. 방귀에 대한 최초의 과학적인 연구는 NASA에서 시작됐다. 밀폐된 우주선 안에서 방귀가 민감한 전자 기기에 영향을 주거나 폭발을 일으킬 수도 있지 않을까 하는 우려에서 방귀에 대한 연구가 시작되었다고 한다. NASA는 심지어 방귀의 세기를 측정하는 고도로 정밀한 기계를 개발하기도 했는데, 메더리 박사팀이 개발한 '캐멀러스 방귀등급 척도Camelus Wind Scale'가 그것이다. 그러나 아직까지 방귀의 소리나 횟수, 세기, 냄새 등이 건강에 미치는 영향에 대해서는 체계적인 연구가 이루어지지 않고 있다.

방귀 상식

우리가 하루에 방귀를 뀌는 횟수는 10~15회. 그 양은 대략 0.6리터, 다시 말해 맥주 한 캔 정도의 양을 매일 뿜어낸다. 방귀는 큰창자나 작은창자에서 소화되지 않은 음식 찌꺼기가 장내 미생물에 의해 발효될 때 발생하여 항문을 통해 나오는 가스를 가리킨다. 따라서 소화되지 않은 음식 찌꺼기가 많을수록 자주 나온다. 정상인이라도 심지어 하루에 40회까지 나오기도 한단다.

방귀는 약 400종류의 가스로 이루어져 있다. 그중에서 이산화탄소와 메탄, 수소가 99퍼센트를 이룬다. 방귀를 뀔 때 소리가 나는 것은 소화기에 있는 '괄약근'이라는 반지 모양의 근육 때문이다. 이 근육은 늘 열렸다 닫혔다를 반복하는데, 괄약근이 꽉 조일 때 가스를 방출하면 방귀 소리가 크게 나게 된다.

방귀 냄새는 사람마다 다 다르고, 무얼 먹었느냐에 따라 아침 방귀 다르고 저녁 방귀 다르다. 낯선 여자에게서 내 남자의 방귀 냄새가 난다면 틀림없이 방석을 같이 썼거나 식사를 같이 했다고 의심해볼 만하다. 한편 아직까지 방귀 냄새의 주범이 무엇인지는 정확히 밝혀지지 않고 있다. 지금까지는 인돌Indole이나 스카톨skatole이 방귀 냄새의 주범이라고 여겨져왔지만, 요즘엔 새로운 물질들이 지목되고 있다고 한다.

어떤 물질이 주범이건 간에, 음식물에 들어 있는 단백질이 분해되면서 만들어진 물질이 고약한 냄새를 풍긴다는 것이 중론. 그러니까 고기나 콩, 우유 같은 고단백질 음식은 먹은 후에 특히 조심해야 할 것이다. 또한 콩에는 스타키오스stachyose와 라피노스raffinose라는 올리고당이 들어 있는데, 사람은 이런 당을 소화시키지 못해 장내 세균이 그것을 분해해서 가스를 만든다. 야채나 과일을 먹으면 방귀가 더 심해지는 경우도 있는데, 야채와 과일에는 과당이나 소비톨과 같이 잘 흡수되지 않는 탄수화물이 많이 들어 있기 때문이다. 옥수수, 배, 사과, 바나나, 복숭아, 살구, 자두 등은 방귀를 많이 만들어내는 음식으로 유명하다. 특히 유황 같은 화학 물질을 포함하고 있는 음식물들, 예를 들면 달걀이나 양파, 콩, 양배추 등은 고약한 냄새를 만든다고 하니 주의해야 할 것이다.

그렇다고 해서 방귀를 참는 것은 좋지 않다. 대장이 하루에 만들어내는 가스는 7~10리터 정도 되는데, 그중에서 방귀나 트림으로 배출되지 않는 가스는 장벽을 통해 혈액에 흡수된다. 이렇게 흡수된 가스는 60조 개에 달하는 세포들을 오염시킬 수 있으며, 이로 인해 인체 내 면역 기능이 손상될 수 있다는 보고도 있다. 방귀를 줄이는 가장 좋은 방법은 과식하지 않고 꼭꼭 씹어 먹는 것이다. 이 두 가지만 잘 지켜도 남다른 방귀를 만들지는 않을 것이다.

영어로 '방귀를 뀐다'는 표현은 바람을 가른다는 의미에서 'break wind'라고 하는데, 방귀의 영향이 국지적이긴 하지만 엄연하게 기압골의 변화를 일으키니 정확한 표현이라 할 수 있다. 방귀는 지극히 자연스런 생리 현상임에도 불구하고 정당한 대우를 받아본 적이 없는 것 같다. 그것은 아마도 고약한 냄새와 자못 황당한 소리, 무엇보다 누구나 꺼림칙하게 여기는 뒤쪽 출구를 이용하기 때문일 것이다. 메탄가스는 지구 온난화를 유발하는 가스이므로 방귀를 함부로 난사하지 않는 것도 인류 평화에 기여하는 일이 될 수 있겠지만, 그렇다고 참거나 부끄러워할 필요는 없다. 예의 없는 경우가 아니라면, 한 번의 시원한 방귀가 내 몸에 미치는 긍정적인 효과를 지구 온난화에 미치는 영향에 비할 수가 있겠는가!

Cinema
29

타잔은 치타와 얘기할 수 있을까

닥터 두리틀
Dr. Dolittle

인간과 침팬지는 생물학적으로 얼마나 닮았을까? 이 질문의 답을 찾는 가장 흥미로운 방법은 인간과 침팬지의 DNA가 얼마나 비슷한지 비교해보는 일일 것이다. 왜냐하면 우리가 침팬지와 얼마나 유사한가를 숫자로 나타낼 수 있기 때문이다. 이 문제에 대한 분자생물학자들의 분석 내용은 한마디로 충격적인 것이었다. 인간과 침팬지의 DNA 구조가

98.35퍼센트의 유사성을 보인다는 것이다. 다시 말해 인간과 침팬지는 생물학적으로 98.35퍼센트는 같은 셈이다.

그렇다면 1.65퍼센트의 차이가 하나를 만물의 영장으로 만들고, 다른 하나를 동물원의 원숭이로 만들었다는 얘기인데, 과연 인간과 동물을 구별짓는 1.65퍼센트의 차이는 어디서 비롯된 것일까? 아직 그 해답은 정확히 밝혀져 있지는 않지만, 많은 과학자들은 그것이 인간의 언어 능력과 연관되어 있을 것으로 추측한다. 인간의 DNA 조직을 추적해보면 인간이 700만 년 전 침팬지로부터 분화되었음을 알 수 있다. 과학자들은 원시적인 도구를 사용한 네안데르탈인이 보여준 초기의 인류 진화에 이어, 인간이 침팬지와 구분되는 가장 결정적인 도약의 요인은 언어에서 비롯되었다고 본다. 왜냐하면 인간의 언어는 자음과 모음이 교묘하게 얽혀 있어, 뼈 · 근육 · 힘줄 등이 정교하게 움직이는 복잡한 해부학적 구조가 뒷받침되어야 하기 때문이다. 이렇듯 인간은 정교한 언어를 가지게 되면서 지식을 축적하고 생각을 교환할 수 있게 됐으며, 지적으로 발달하게 되었다. 바로 이러한 언어 구조 때문에 침팬지는 팔굽혀펴기를 백 번 해도 사람이 될 수 없는 것이다.

친밀해지고 싶은 마음이 만들어낸 상상력

잘 알다시피 인간만이 문법이 있는 말을 하고 문자를 사용한다. 언어는 인간과 동물을 구별짓는 가장 큰 특징이다. 그러나 동물에게도 나름대로의 언어가 있다는 사실을 잘 알고 있을 것이다. 동물들도 감정에 따라 다른 소리를 내며, 얼굴 표정까지 달라진다는 사실은 애완동물을 길러본 사람들이라면 모두 잘 알고 있다. 몸짓과 같은 비언어적 의사표현이 동물과 인간 사이의 간극을 메우고, 종을 초월한 애정을 싹트게 해준 보편 언어의 구실을 한다는 사실을 부정할 수는 없다.

그러나 여기에 만족하지 않고, 동물과 좀 더 구체적인 의사소통을 하고 싶어하는 인간의 욕구는 동물에 대한 사랑이 깊어질수록 증폭되었다. 동물과 말할 수 있는 능력을 타고났다는 인디언 소년의 전설에서부터 시작해서 동화, 소설, 만화, 영화에 이르기까지 이 같은 욕망을 투영한 작품은 지금까지도 계속해서 만들어지고 있다.

에디 머피가 주연한 영화 〈닥터 두리틀〉에서 주인공 존 두리틀은 어렸을 때부터 동물과 말할 수 있는 능력을 자신도 모르게 터득했다. 존이 동물들과 쉽게 대화를 나누는 모습을 본 아버지는 존에게 다시는 동물들과 대화하지 말라고 주의를 준다. 아들이 평범한 삶을 살아가길 원했던 것이다. 그 후 존은 동물과 대화할 수 있는 능력을 잃어버리게 되고 평범한 의사로 자란다. 그러던 중 우연히 자동차 사고를 당하게 되면서 동물과 대화하는 능력을 되찾게 된다. 영화는 동물의 말을 알아듣게 된 의사에게 벌어지는 해프닝을 익살스럽게 그리고 있다. 영국의 작가 휴 로프팅Hugh Lofting의 인기 동화를 현대적으로 각색해서 만든 이 영화의 주제는 동물들도 나름대로 언어를 가지고 있다는 것이다.

그동안 동물과 인간의 사랑과 교감을 그린 영화는 많이 있었지만, 실제로 서로의 언어를 배우고 대화를 나누는 내용보다는 비현실적인 내용이 주류를 이루었다. 〈베토벤Beethoven〉이나 〈벤지Benji〉에 등장하는 개는 사람들의 말을 누구보다 잘 알아듣지만, 이들이 나누는 대화는 정교한 형태의 것은 아니었다. 영화 〈폴리Paulie〉에 나오는 새는 인간의 말을 한다. 그러나 실제로 구관조나 앵무새가 인간의 말을 따라하는 것은 구강 구조가 비슷해서 음성을 흉내 낸 것일 뿐, 언어라고 보긴 힘들다.

동물에게 인간의 언어를 가르칠 수 있을까

정말로 인간과 동물이 서로 대화를 할 수 있는 방법은 없을까? 동물들과 대화를 나누는 방법은 크게 두 가지 가능성을 생각해볼 수 있다. 하나는 동물들에게 사람의 언어를 가르치는 방법이고, 다른 하나는 우리가 동물의 언어를 배우는 방법이다. 어떤 것이 더 쉬울까?

동물에게 사람의 언어를 가르치는 방법은 낮은 수준에서 이미 시행되고 있다. 예를 들면 돌고래 쇼에서 돌고래들이 조련사의 수신호에 맞춰서 일련의 동작을 수행하는 것은 인간의 수화를 동물에게 학습시킨 결과다.

좀 더 근사한 형태의 대화는 영화 〈콩고Congo〉에서 찾아볼 수 있다. 버클리 대학의 영장류 동물학자 피터 엘리엇은 고릴라 '에이미'에게 수화를 가르친다. 에이미는 자신의 간단한 감정 상태를 인간의 수화로 표현할 수 있다. "에이미 좋다, 에이미 좋다" 혹은 "에이미 배고프다, 에이미 배고프다"와 같이.

그런데 중요한 것은 바로 에이미의 장갑. 어깨까지 올라오는 에이미의 장갑은 에이미의 수화를 감지해서 음성 신호로 바꿔주는 장치다. 이 장치를 착용한 상태에서 대화를 하면 에이미와 말을 주고받을 수 있게 된다. 실제로 이 장치는 말을 못하는 장애인을 위해 개발된 장치지만, 구강 구조가 우리와 전혀 달라 도저히 말을 가르칠 수 없는 대부분의 동물들과 대화를 나누는 데에도 이용할 수 있다. 이 영화의 원작자 마이클 크라이튼Michael Crichton의 상상력이 돋보이는 대목이다.

한편 우리와 구강 구조가 비슷한 구관조에게는 직접 인간의 말을 가르칠 수 있을까? 배울 수만 있다면 대화가 가능할 테니 말이다. 그러나 대부분의 과학자들은 새와의 대화는 불가능하다고 말한다. 그런 고차원적인 정신 활동이 새에게는 무리라는 얘기다. 만약 지진이나 홍수를 미리 감지할 수 있는 능력을 가진 새들과 대화를 나눌 수 있다면 인간에게 득이 많이 될 텐데 아쉬운 노릇이다.

인간이 동물의 언어를 알아들을 수 있다면

그렇다면 우리가 동물의 언어를 배우는 쪽이 좀 더 현실성 있는 대안이 될 것이다. 과연 동물의 언어는 어느 정도 수준일까? 춤추는 벌들의 언어에서부터 원숭이의 언어에 이르기까지 동물의 언어에 대한 연구는 생물학자들의 오래된 연구 테마다. 그중에서도 가장 발달된 형태의 언어를 사용하는 동물로는 돌고래와 침팬지를 꼽을 수 있다.

돌고래가 내는 휘파람 소리는 인간의 음성과 비슷하게 들릴 정도로 여러 종류의 음조가 존재한다고 한다. 과학자들이 100여 마리의 돌고래를 조사해본 결과, 돌고래들은 고정된 휘파람 소리를 내는 것이 아니라 각자가 소리를 개발한다는 것을 알았다. 돌고래들은 휘파람 소리로 다른

동물들에게 사람의 언어를 가르치는 게 쉬울까,
사람이 동물의 언어를 배우는 게 쉬울까?

돌고래의 존재를 확인할 수 있으며, 그것을 변형함으로써 서로 간에 간단한 의사소통도 가능하다는 사실 또한 밝혀졌다.

원숭이의 경우는 이보다 더욱 정교하다. 조지아 주립대학의 연구원 새비지 럼보Savage Rumbaugh 박사에 따르면, 원숭이는 감정 상태에 따라 얼굴 표정이 달라지며 내는 소리도 대략 50여 가지가 넘는다고 한다. 짧게 끊어 내는 소리에서부터, 음조가 있는 소리, 매우 시끄러운 소리 등등. 심지어 키보드에 있는 심벌을 이해하고 이용할 줄도 안다고 하니 채팅도 가능할지 모른다.

새비지 럼보 박사가 원숭이의 능력을 과대평가하고 있다고 주장하는 과학자들도 있지만, 우리가 원숭이의 얼굴 표정이나 소리를 이해하고 같은 방식으로 의사를 표현할 수 있다면 지금보다는 훨씬 구체적인 대화를 나눌 수 있을 거라는 기대를 버릴 수 없는 것이 사실이다. 특히 간단한 음성 발송 장치를 통해 동물들과 말로 대화를 나눈다면 얼마나 재미있을까?

럼보 박사의 원숭이들은 TV 보는 것을 무척 좋아한다고 하는데, 가장 인기 있는 프로가 〈타잔Tarzan〉과 〈불을 찾아서Quest for Fire〉라고 한다. 올림픽 수영 챔피언 조니 와이즈뮬러가 타잔으로 나오는 텔레비전 모험극 〈타잔〉이 녀석에겐 남의 얘기 같지 않은 모양이다.

〈타잔〉에 등장하는 귀염둥이 침팬지 치타는 실제로 세상에서 가장 똑똑한 침팬지로 알려져 과학자들의 실험에 많이 이용되기도 했다. '지피'라는 이름의 이 침팬지가 똑똑한 것은 사실이지만, 대부분의 과학자들은 영리해 보이는 지피의 행동은 사람의 관심을 끌기 위한 흉내 내기일 뿐, 의미를 알고 하는 자각적인 행동 같지는 않다고 말한다.

어쩌면 치타는 늘 타잔 옆에 있지만, 타잔과 대화를 나눌 생각이 없는지도 모른다. 동물들도 우리처럼 서로 대화하기를 바란다고 짐작한다면 우리만의 착각일까? 동물들과 대화하기 위해서 우리가 무진 애를 쓰는 것과는 상관없이 동물들이 우리와 대화할 생각이 없다면, 여전히 우리는 동물들에게 큰 소리로 혼잣말을 해야만 할 것이다.

| 동시상영 |

워터월드
소 트림이 지구 온난화를 유발한다?

잘 알다시피, 온실 효과란 지구 대기 중에 배출된 폐가스가 점차 늘어나면서 우주 공간으로 방출되어야 할 태양열을 가두어놓는 현상을 말한다. 아주 조금씩 열이 축적된다 하더라도 시간이 흐르면서 이러한 효과는 전 지구적 기후 온난화를 불러올 수 있다.

일본에서는 '지구 온난화'와 관련해 재미있는 연구 결과가 발표된 적이 있다. 정부의 조사에 의하면, 일본에서 배출되는 메탄가스의 4분의 1 정도가 '소의 트림'에 의한 것이라고 한다. 메탄가스는 온실 효과를 일으키는 가스로 알려져 있으니, 소의 트림이 지구 온난화를 야기할 수도 있다는 얘기다.

소는 위에서 사료 속에 포함된 유기질을 발효시켜 지방산으로 전환해 에너지를 만드는데, 이 과정에서 수소가 메탄균과 결합하여 메탄을 만든다. 이렇게 해서 만들어진 메탄가스가 트림을 통해 대기 중에 방출된다는 것이다. 일본에서 사육되고 있는 소는 젖소를 포함해서 약 475만 마리. 1990년의 경우, 소의 트림으로 인해 발생된 메탄가스가 일본 내 메탄가스 배출량의 22퍼센트인 198톤에 달했다고 한다.

그래서 일본 농수성은 1993년도부터 8년 계획으로 소의 트림을 줄이는 연구를 진행하고, 품종 개량을 통한 생육 기간의 단축이나 사료 개량으로 2005년까지 소의 트림으로 인한 메탄 배출량을 3분의 2까지 줄일 계획을 세우기도 했다.

소가 트림을 해서 지구가 더워지고 그로 인해 인류가 멸망할지도 모른다는 얘기는 어딘지 모르게 코미디 같은 구석이 있기는 하지만, 소의 품종을 개량하고 사료를 조절하기까지 해서 소의 트림을 줄이려는 일본 정부의 노력을 생각해보면 지구 온난화가 얼마나 위협적인 것인지 짐작할 수 있다.

남태평양에 떠 있는 아홉 개의 산호초 섬으로 구성된 작은 나라 투발루는 섬의 대부분이 해발 2미터 이하여서, 이대로 온난화가 계속되면 사이클론에 의해서 엄청난 피해를 입을 뿐만 아니라, 머지않아 완전히 수몰될지도 모른다고 한다. '워터월드Water World' 가 먼 미래의 얘기가 아닌 것이다.

그렇다면 지구 온난화는 왜 일어나는 것일까? 18세기에 산업혁명이 시작되면서 인간은 대량 생산의 에너지원으로 화석 연료를 대량 소비하게 되었다. 그 결과 이산화탄소와 메탄 같은 온실 효과 가스를 대량으로 배출하게 되어, 이제는 지구의 자정 능력을 벗어나 지구가 서서히 더워지고 있는 것이다. 국제적인 환경보호 단체인 그린피스는 1990년 이후 세계에서 발생한 이상 기후 변동이나 자연재해를 재검토한 결과, 그 원인이 지구 온난화에 의한 기온의 상승과 해수온의 상승인 것을 알게 되었다.

지구 온난화의 주범인 온실 효과 가스에는 배출량이 가장 많아 온난화의 최대 요인으로 꼽히는 이산화탄소, 그 11배의 온실 효과를 일으키는 메탄, 274배의 온실 효과를 발생시키는 아산화질소 등이 있다.

Cinema
30

침팬지, 고릴라, 오랑우탄 그 속에서 인간을 찾다

정글 속의 고릴라
Gorillas in the Mist

훌륭한 음악가만큼 훌륭한 과학자의 삶도 때론 영화의 좋은 소재가 된다. 〈아마데우스Amadeus〉나 〈불멸의 연인Immortal Beloved〉에서처럼 아름다운 음악은 흘러나오지 않더라도 과학자의 삶을 다룬 영화도 분명 감동적인 영화가 될 수 있다. 훌륭한 과학자가 뛰어난 연구 결과를 얻어내는 과정에는 늘 우리를 감동시킬 만한 무엇이 들어 있기 때문이다. 어렸을 때 TV에서 본 퀴리 부인에 관한 영화나 라이트 형제가 비행기를 만드는 과정을 담은 영화가 아직까지 깊은 인상으로 남아 있는 것도 그 때문일 것이다.

〈정글 속의 고릴라〉도 그런 영화 중의 하나다. 이 영화는 평생을 고릴라 연구에 몸 바친 다이앤 포시Dian Fossey의 일대기를 대자연의 아름다움과 함께 화면에 담은 작품이다. 영화 〈킹콩King Kong〉이 포악하고 야성적인 거대 고릴라가 한 여인을 사랑하게 되고 그 과정에서 '엠파이어 스테이트 빌딩'과 '비행기'로 상징되는 문명에 의해 희생되는 과정을 그렸다면, 〈정글 속의 고릴라〉는 자기 자신보다도 고릴라를 더 사랑했던 한 여성 동물학자의 삶이 주된 모티프가 된다. 그리고 영화는 180킬로그램이나 되는 고릴라가 결코 포악한 동물이 아니며, 사실은 매우 온순한 동물이라는 사실을 가르쳐준다. 만약 〈킹콩〉의 제작진들이 다이앤 포시의 연구를 미리 알았더라면, 아마도 거대 괴물을 고릴라로 설정하지는 않았을 것이다. 〈정글 속의 고릴라〉가 개봉되었을 때 다이앤 포시 역을 맡은 시고니 위버는 〈킹콩〉의 제시카 랭보다 고릴라와 더 잘 어울린다는 평을 받기도 했다.

고릴라를 지켜낸 그녀

1932년 미국 샌프란시스코에서 태어난 다이앤 포시는 산호세 주립대학을 졸업하고 장애 어린이를 돌보는 병원에서 전문 치료사로 일했다. 야생 고릴라를 연구한 미국의 동물학자 샬러George Schaller 박사의 책을 읽고 감명을 받은 그녀는 1963년 아프리카로 떠난다.

아프리카 비룽가에 도착한 그녀는 전 세계적으로 고릴라가 심각한 멸종 위기에 놓여 있음을 알게 된다. 특히 멸종 위기에 가장 근접해 있다는 마운틴고릴라는 240여 마리밖에 남아 있지 않은 상태였다. 그녀에게는 연구도 중요했지만 밀렵꾼들로부터 고릴라를 보호하는 일이 더욱 중요했다. 그녀는 밀렵을 막기 위해 최선을 다했지만, 밀렵으로 생계를 꾸려가는 원주민들을 무조건 막을 수는 없었다. 궁여지책으로 생각해낸 아이디어가 '고릴라 관광 코스'. 관광 코스의 하나로 관광객들에게 고릴라가 생활하는 모습을 보여주자는 것이었다. 그 덕분에 밀렵은 크게 줄었고 고릴라의 수는 세 배 가까이 늘어났다.

그러나 그녀가 끔찍이 사랑했던 고릴라 '디지트'가 고릴라 밀렵꾼들에 의해 잔인하게 보복 살해당하자 그녀는 이성을 잃은 사람처럼 밀렵꾼들을 심하게 대한다. 그 일은 그녀마저도 우리에게서 앗아가는 사건으로 이어진다. 1985년 크리스마스 다음 날 그녀는 자신이 머물던 오두막에서 얼굴을 난자당한 채 시체로 발견된다. 31세에 시작한 22년간의 고릴라 연구가 마감되는 순간이었다. 당시 폐에 종기가 부어올라 인공호흡장치가 필요할 정도로 쇠약해져 있던 그녀는 고릴라와 함께 있기를 고집하다 변을 당한 것이다.

그녀의 연구는 고릴라에 대한 우리들의 편견을 바로잡아주었다. 덕분에 우리는 고릴라가 과일과 풀을 먹는 온순한 초식동물이며, 등에 회색털이 나 있는 대장 수컷silverback을 중심으로 40여 마리가 무리 지어 다니는 사회적 동물이라는 사실을 알게 되었다. 그리고 그녀는 사람의 지문처럼 고릴라에게는 서로 다른 '코 지문'이 있어서 이를 보고 고릴라를 식별할 수 있다는 사실도 알려주었다.

그러나 우리가 그녀로부터 얻은 더욱 값진 것은 고릴라 그 자체였다. 멸종 위기에 놓인 고릴라는 그녀의 노력으로 멸종 위기를 넘겼고, 지금도 르완다에 위치해 있는 그녀의 고릴라 연구소는 고릴라를 보호하고 연구하는 가장 유명한 연구소가 되었다. 포시가 없었다면 우리는 그 커다란 덩치의 평화로운 동물을 책이나 낡은 필름을 통해서나 만나볼 수밖에 없었을지도 모른다. 현재 그녀는 그녀가 머물던 오두막에서 얼마 떨어지지 않은 곳에 자신이 사랑했던 고릴라들과 함께 누워 있다.

침팬지와 함께 사는 여자, 제인 구달

다이앤 포시가 고릴라를 사랑한 만큼 침팬지를 사랑한 여인이 있었다. 그녀의 이름은 제인 구달Jane Goodall. 침팬지 연구에서 가장 저명한 동물학자다. 그녀가 38년간 아프리카 정글에서 침팬지와 함께 생활하면서 침팬지를 연구해온 모습을 담은 다큐멘터리 필름이 있다. 〈내셔널지오그래픽〉 시리즈 중의 '침팬지와 함께 사는 여자' 편이 바로 그것이다.

제인 구달은 1934년 런던에서 태어나 영국 남부 해안에 있는 빈머스에서 자랐다. 어릴 때부터 아프리카 동물에 관한 책을 읽으며 밀림을 동경했던 그녀는 《타잔》을 읽으면서 "타잔의 애인인 제인보다 내가 더 잘할 수 있을 텐데"라고 생각하며 어린 시절을 보냈다고 한다(그녀의 이름도 제인이다!). 고등학교를 졸업하고 영화사에서 일하던 구달은 아프리카에

오지 않겠느냐는 친구의 편지를 받고 식당에서 일하면서 여행비를 모아 아프리카로 향한다. 아프리카에 도착한 구달은 동물 연구를 하려거든 루이스 리키Louis Leakey 박사를 만나보라는 주위의 권유로 그를 찾아간다. 고고인류학의 대가이면서 평생을 아프리카에서 초기 인류의 유골을 발굴하는 작업에 열중했던 리키 박사는 1957년 아프리카 동물에 대한 제인의 폭넓은 지식을 높이 사서 그를 비서로 채용한다.

1960년 여름, 26세의 나이에 탄자니아 탕가니카 호수 연안에 도착한 그녀는 그때부터 본격적인 침팬지 연구에 착수한다. 그녀가 침팬지를 연구하는 과정이 영화와 사진을 통해 세상에 알려지면서 그녀는 일약 스타가 된다. 〈내셔널 지오그래픽〉 다큐멘터리에는 그 당시 제인 구달이 침팬지와 친해지기 위해 침팬지와 함께 숲에서 자고 그들과 함께 생활하는 과정이 생생히 담겨 있다. 이 필름은 그녀가 침팬지를 얼마나 사랑하는지를 잘 보여주고 있는데, 아프리카 노을을 뒤로하고 그녀가 침팬지와 노는 장면은 정말 감동 그 자체다.

그녀의 침팬지에 대한 연구는 고고학과 동물행동학에 지대한 영향을 끼치게 되고, 고등학교밖에 나오지 않은 그녀는 영국의 케임브리지 대학에서 박사학위까지 받게 된다. 그녀는 침팬지에 대해 우리에게 많은 사실을 알려주었다. 침팬지가 잡식성 동물이라는 사실을 처음 세상에 알렸고, 부모 자식이 서로 가족을 이루고 생활하며, 위계 서열이 있는 사회적 동물이라는 사실도 알려주었다. 무엇보다도 침팬지가 도구를 사용할 줄 안다는 사실을 발견하여 세상을 깜짝 놀라게 했다. 그 당시까지만 해도 인간만이 도구를 사용할 수 있다고 믿었던 학계는 인류에 대한 정의를 다시

우리를 이해하기 위해서는
먼저 우리를 둘러싼 우주를 이해하고,
자연을 이해해야 한다.

내려야만 했다. 그렇지 않으면 인류에 침팬지를 포함시켜야만 했으니까.

비루테 갈디카스, 밀림의 오랑우탄을 만나다

다이앤 포시가 고릴라를 통해, 그리고 제인 구달이 침팬지 연구를 통해 영장류의 습성을 이해하고 인류의 기원을 찾고자 했다면, 오랑우탄에게서 인간의 모습을 찾으려 했던 동물학자가 있다. 바로 비루테 갈디카스Biruté Galdikas. 그녀는 달려드는 모기와 가시덤불을 피해가며 보르네오 열대 우림에서 수십 년간 오랑우탄을 연구했다.

오랑우탄은 붉은색 머리털을 가진 아시아 유인원으로 '숲 속의 사람Orang Hutan'이란 뜻을 가졌다. 혼자 있기를 좋아해서 '고독을 즐기는 숲 속의 사람'이란 별명을 가진 오랑우탄은 초식동물이며, 인도네시아나 말레이시아 등지에 서식한다. 오랑우탄의 습성이 본격적으로 알려지기 시작한 것은 바로 비루테 갈디카스 박사의 연구 덕분. 혼자 있기를 좋아하는 오랑우탄을 연구하는 일이 얼마나 힘들었을지 짐작하고도 남음이 있다.

1946년 독일에서 태어나 캐나다 토론토에서 공부한 그녀는 25세의 나이에 인도네시아 밀림에서 오랑우탄을 연구하기 시작했으며, 다이앤 포시와 마찬가지로 오랑우탄의 밀매를 막기 위해 최선을 다했다. 그녀의 첫 번째 남편이 밀림 생활을 견디지 못하고 아들의 유모였던 인도네시아 여성과 결혼하는 등 개인적인 어려움이 많았음에도, 그녀는 꿋꿋이 평생을 오랑우탄을 연구하는 데 바쳤다.

새끼 오랑우탄과 두 살짜리 아이가 욕조에서 노는 장면이 〈내셔널 지오그래픽〉 표지를 장식하면서 그녀의 연구는 대중적으로도 널리 알려지기 시작했다.

루이스 리키, 과학을 위해 영화 같은 인연을 만들다

다이앤 포시와 제인 구달, 그리고 비루테 갈디카스. 이 세 여성 동물학자들에게는 인생의 가장 중요한 순간 '루이스 리키' 박사와의 인연이 있었다. 루이스 리키 박사는 '고고인류학의 아버지'라고 불릴 만큼 저명한 인류학자다. 아프리카 탄자니아의 올두바이에서 40년 넘게 원시 인간의 유골을 찾아다니던 그는 '호모 하빌리스(도구를 사용하는 인간)'의 유골을 발견하면서 인간의 기원에 관한 연구에 시금석을 세운다.

그는 인류의 기원을 찾기 위해서는 인간과 가장 유사한 고릴라, 침팬지, 오랑우탄을 연구해야 한다고 늘 생각하고 있었다. 그리고 덥고 위험한 열대 정글에서 끈기 있게 생활할 수 있으며, 기존의 과학 지식이나 선입견에 사로잡혀 있지 않은 사람에게 그 연구를 맡겨야 한다고 생각했다. 그렇게 해서 선택된 사람들이 바로 제인 구달, 다이앤 포시, 비루테 갈디카스다.

그는 아프리카 동물이 좋아 아프리카에 놀러 왔던 영국인 여성 제인 구달에게 침팬지 연구를 부탁했고, 장애 어린이를 돌보는 전문 치료사인 다이앤 포시를 설득해 고릴라가 있는 콩고로 보냈다. 또 25세의 비루테 갈디카스에게는 인도네시아 열대 우림의 오랑우탄 연구를 맡긴 것이다. 그들은 모두 헌신적으로 침팬지와 고릴라, 오랑우탄을 연구하는 동시에 사랑으로 이들을 돌봤다. 밀림 속의 이 세 학자가 아니었다면 침팬지나 고릴라, 오랑우탄에 대한 연구는 지금보다 훨씬 뒤처져 있을 뿐만 아니라, 아예 이 동물들은 밀렵꾼들에 의해 멸종됐을지도 모른다.

동물학을 연구하는 과학자뿐 아니라, 인간은 누구나 '우리는 어디서 왔으며 지구라는 자연환경 속에서 인간은 어떤 위치에 있는가'에 대해 고민하며 살아간다. 우리를 이해하기 위해서는 먼저 우리를 둘러싼 우주를 이해하고, 자연을 이해하고, 우리와 늘 함께하는 동식물들을 이해해야 한다. 침팬지와 고릴라와 오랑우탄에 대한 연구는 우리가 왜 그들과 다른 존재가 되었는가를 이해하는 중요한 단서를 제공할 것임에 틀림없다.

침팬지와 고릴라와 오랑우탄에게서 인류의 모습을 찾는다는 것. 그것이 인간의 자존심을 건드리는 일이라고 생각하는 사람은 없었으면 하는 바람이다.

뇌과학자는 영화에서 인간을 본다

초판 1쇄 발행 2012년 7월 15일
초판 11쇄 발행 2024년 8월 5일

지은이 정재승
발행인 김형보
편집 최윤경, 강태영, 임재희, 홍민기, 강민영, 송현주, 박지연
마케팅 이연실, 이다영, 송신아 **디자인** 송은비 **경영지원** 최윤영

발행처 어크로스출판그룹(주)
출판신고 2018년 12월 20일 제 2018-000339호
주소 서울시 마포구 동교로 109-6
전화 070-8724-0876(편집) 070-8724-5877(영업) **팩스** 02-6085-7676
이메일 across@acrossbook.com **홈페이지** www.acrossbook.com

ISBN 978-89-97379-04-0 03400

만든 사람들
편집 이경란, 김류미 **교정** 이원희